LETTRES

SUR L'ORIENT.

STRASBOURG, de l'imprimerie de F. G. LEVRAULT, imprim. du Roi.

LETTRES
SUR L'ORIENT,

ÉCRITES

PENDANT LES ANNÉES 1827 ET 1828,

PAR

LE B.^{on} TH. RENOÜARD DE BUSSIERRE,

SECRÉTAIRE D'AMBASSADE.

TOME SECOND.

PARIS,

Chez F. G. Levrault, rue de la Harpe, n.° 81,

et rue des Juifs, n.° 33, à Strasbourg.

Bruxelles, Librairie parisienne, rue de la Magdeleine, n.° 438.

1829.

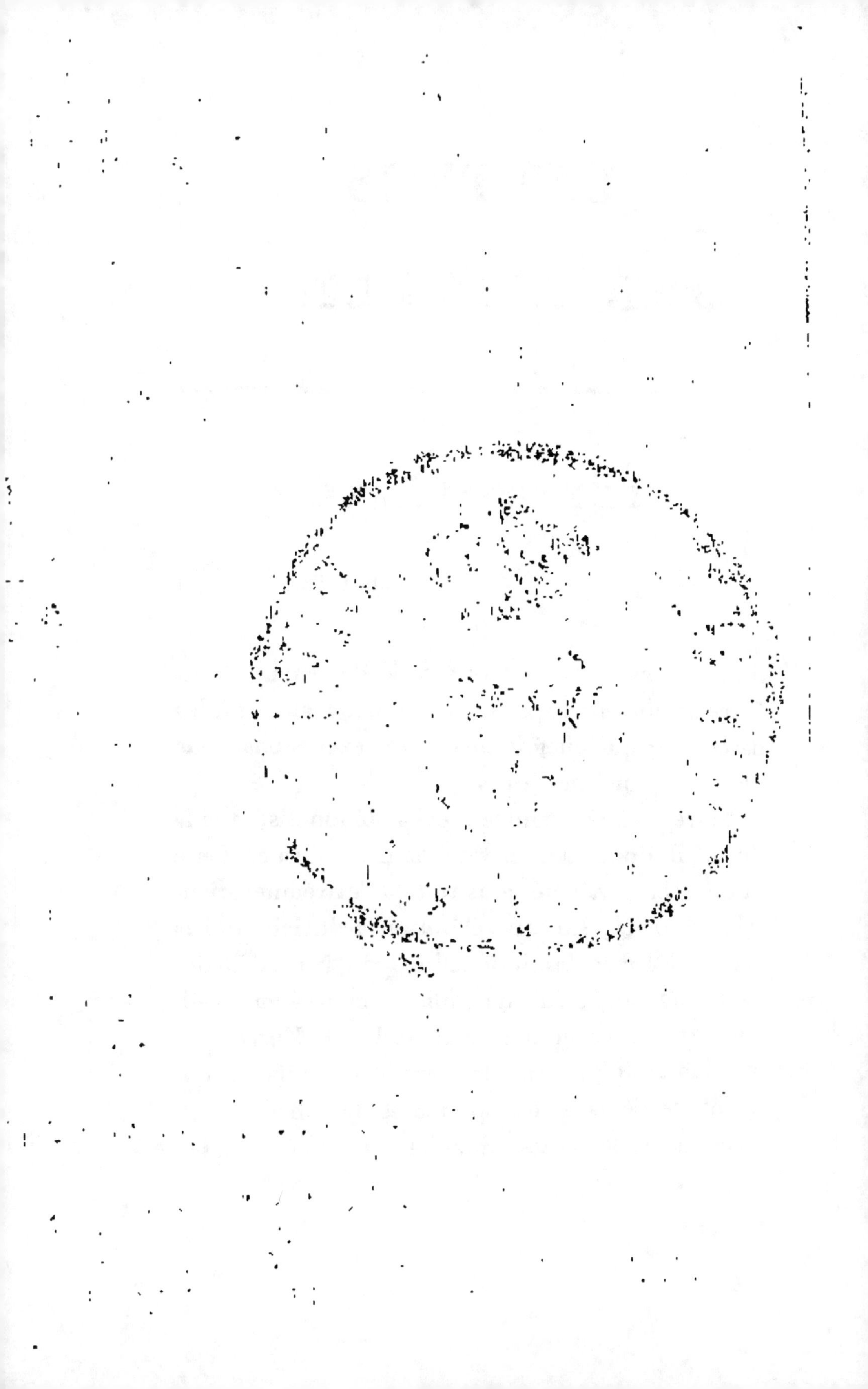

LETTRES SUR L'ORIENT.

LETTRE XXXVI.

Du Caire.

Je ne vous ai pas encore parlé des environs du Caire : nous employons souvent nos matinées à les parcourir; quelquefois même nos excursions nous prennent plusieurs jours.

Notre première course a été à Héliopolis, la ville du soleil, dont Strabon vante la magnificence. Cette cité célèbre avait été construite à l'extrémité orientale du Delta, sur une élévation artificielle qui la mettait à l'abri des inondations du Nil. A Héliopolis s'élevait le fameux édifice consacré au soleil, où des prêtres nourrissaient le bœuf *Mnevis*. On y admirait également le temple magnifique que Cambyse dévasta; des sphinx et des obélisques le décoraient: ses vastes murailles étaient couvertes de caractères sacrés, et les prêtres qui le desservaient étaient initiés dans la connaissance des mouvemens des corps célestes.

Pour arriver à l'emplacement où existait Héliopolis, on suit, au sortir du Caire, une route que bordent de longues plantations de cactus (figuiers à raquette), de palmiers et d'orangers. Au milieu de ces arbres on voit un antique sycomore, où les chrétiens d'Orient viennent en pélerinage. On lui donne le nom d'*arbre de la Vierge*, et la tradition porte que la sainte famille se reposa sous son ombrage, lors de la fuite en Égypte. Ses énormes branches sont chargées d'*ex-voto*; des milliers de noms ont été gravés dans son tronc, et chaque pélerin emporte et conserve comme relique une feuille ou une branche de cet arbre. Quelques champs de coton et d'indigo succèdent aux vergers, et bientôt on passe auprès du village de la Matarée: une source d'eau douce lui a fait donner son nom; elle est la seule dans le voisinage du Caire. Les Arabes et les chrétiens vénèrent cette fontaine et viennent boire ses eaux, qui possèdent, disent-ils, des vertus miraculeuses, depuis que la Vierge y baigna l'enfant Jésus. Plus loin on rencontre le village de Qelyoub, à un demi-quart de lieue duquel s'élève un grand obélisque, l'unique monument qui indique encore le lieu où existait Héliopolis : sa hauteur est de soixante-dix pieds ; il est en granit rouge, couvert d'hiéroglyphes sur trois de ses côtés, le quatrième est détérioré. La largeur de chacune de ses faces est d'environ six pieds et demi à la base.

Nous retournâmes au Caire en passant par Matarée. On serait fort étonné de trouver ce village dans un pays mahométan, si la démoralisation des femmes arabes n'était connue. Il est mieux bâti que la plupart de ceux des environs et habité uniquement par des courtisanes. L'une d'entre elles, qui porte le nom de *reine*, exerce une espèce d'autorité. Le costume de ces malheureuses est bien plus soigné que celui de leurs compatriotes: elles portent des colliers et des bracelets d'or, des étoffes de soie, des voiles brodés en paillettes, qui cependant ne leur couvrent point le visage; mais cette magnificence, vue de près, est en général fort sale. Leurs yeux sont très-beaux; elles se peignent les cils et les paupières en noir, pour donner plus d'éclat au regard, et se tatouent en bleu diverses parties du corps et du visage. A notre passage, ces femmes se jetèrent sur nous comme des harpies, voulant nous obliger à descendre de cheval et nous conduire dans leurs maisons. Elles se dépouillaient pièce à pièce de leurs vêtemens, espérant nous séduire; mais le vice, lorsqu'il se montre ouvertement, n'inspire que le dégoût. Nous piquâmes des deux et sortîmes du village, poursuivis par cette troupe de courtisanes, dont les tendres propos firent place à des moqueries et à des invectives, lorsqu'elles virent que nous leur échappions.

Au nord du Caire, sur la rive orientale du Nil, s'élève le village de Chobra, résidence d'été du pacha d'Égypte. On y va à cheval en une demi-heure; le chemin qui y mène est délicieux : une belle allée de sunts et de sycomores l'ombrage; des deux côtés de la route s'étendent des champs fertiles. Le palais de Chobra est bâti exactement au bord du fleuve; un jardin spacieux l'entoure. Il est planté comme nos potagers; on pourrait le comparer également à une pépinière ou à un verger européen, à la seule différence près, qu'au lieu d'y voir les arbres et les fleurs de nos climats, on y trouve ceux des pays chauds. Au milieu du jardin est une fontaine, l'un des édifices moresques les plus élégans et les plus légers que j'aie vus. Elle est alimentée par le Nil, construite entièrement en marbre blanc, et présente une grande enceinte carrée, au centre de laquelle est un bassin assez vaste pour qu'on puisse y naviguer : des lions et d'autres sculptures de bon goût décorent ce bassin. Le tout est entouré d'une double colonnade couverte et grillée extérieurement, afin que les femmes puissent s'y promener : aux quatre coins et au centre de chacun des côtés du monument sont des kiosques, qui forment de charmans salons; des rideaux d'écarlate en ferment les entrées. Auprès de la fontaine on voit un petit pavillon octogone, bâti au bord d'un filet d'eau, au milieu d'un bosquet d'orangers. Le pacha y vient souvent pour assister aux jeux et aux danses de ses femmes. Elles ne sont pas maintenant à Chobra; aussi l'on nous permit de visiter l'intérieur du harem. Il est uni au bâtiment principal par une galerie couverte. Nous montâmes dans une grande salle qui a des avancés de trois côtés, et forme ainsi trois chambres ouvertes; le quatrième est occupé par l'escalier. Aux quatre angles de la salle principale sont des appartemens complets ; ils sont surchargés de dorures, de peintures et d'ornemens de toute espèce, et en général d'un assez mauvais style; leurs larges fenêtres grillées donnent sur des bosquets touffus : un divan fait le tour de chaque pièce; les tapis sont couverts de coussins et de carreaux en velours et en étoffes brochées. En un mot, on a réuni dans ce harem ce que la mollesse et la volupté peuvent inventer de plus raffiné. Un très-joli bain en marbre blanc complète le logement des femmes.

Notre troisième course a été la plus intéressante. Nous avons été voir les fameuses pyramides de Djizeh (ou Gizeh). Sans doute vous vous êtes déjà étonné de mon silence à ce sujet. Ce petit voyage devait nous prendre quelques jours; nous louâmes des ânes pour le faire. Après avoir traversé le Nil au port du vieux Caire, et laissé à notre droite le village de Djizeh, nous fîmes deux ou trois lieues dans une plaine où s'étendent des champs cultivés et des bois de dattiers. De grands troupeaux de chameaux animaient le paysage; de temps en temps j'apercevais un groupe de bédouins, enveloppés dans leurs longs bernous et la tête couverte de turbans rouges : ils se reposaient au pied de quelques sycomores. Les débordemens du fleuve nous obligeaient à des détours continuels. Lorsque les eaux sont basses, on peut arriver aux pyramides en quatre heures et demie; mais à chaque instant nous étions forcés de quitter la bonne direction. Enfin, ayant laissé derrière nous les terrains inondés, nous entrâmes dans le désert, et plus j'approchais, plus s'affaiblissait l'impression que les pyramides m'avaient fait éprouver lorsque j'en étais loin. En arrivant à leur base, au contraire, je fus plus étonné que jamais de leur immensité. La journée finissait; le soleil allait disparaître derrière les collines de sable et dorait de ses derniers rayons ces gigantesques monumens. Je restai immobile, et frappé d'un respect religieux, je n'osais avancer, craignant de troubler le majestueux silence qui régnait dans la nature. Ces constructions merveilleuses, dont les fondateurs même sont presque oubliés, qui ont survécu à la mémoire de ceux qu'elles devaient immortaliser, et que quarante siècles ont respectées, m'inspiraient un sentiment profond de vénération.

En tournant autour de l'édifice principal, auquel on donne le nom de *pyramide de Chéops*, nous fîmes lever deux hyènes, qui s'enfuirent précipitamment à notre approche. Nous nous hâtames d'allumer un grand feu pour cuire notre repas et éloigner de semblables visites. Nous passâmes la nuit couchés sur le sable et nous étions sur pied long-temps avant le lever du soleil. Des bédouins qui nous avaient vus arriver la veille, vinrent pour nous servir de guides. Nous montâmes d'abord extérieurement jusqu'au sommet de la plus grande pyramide. Dans l'origine cela eût été impossible; car, à en juger par la seconde, leurs surfaces étaient unies et couvertes d'un recrépissage. Le mortier est tombé aujourd'hui, et les pierres de taille qui ont servi à la construction forment des marches, au nombre de deux cent neuf. Ces pierres, vues de loin, se perdent dans l'immensité de l'édifice; mais, lorsqu'on en approche, ce sont des quartiers de rochers : chaque gradin a deux ou trois pieds d'élévation; on ne le franchit qu'en s'appuyant sur les mains, et vous concevez qu'escaladant de la sorte un des monumens les plus élevés du monde, on arrive au faîte accablé de fatigue. Nous montâmes par l'angle du nord-est, qui est le mieux conservé. Rien n'est plus triste et plus imposant à la fois que la vue que l'on découvre du haut de la pyramide: excepté un fleuve solitaire, une étroite vallée de verdure et quelques villages, tout est sable, tout est mort. Des constructions élevées par la main de l'homme coupent seules cette effrayante unifor- mité, et leurs masses énormes sont plus étonnantes que l'immensité silencieuse du désert lui-même. Auprès de nous, nous apercevions les deux autres pyramides de Djizeh et le sphinx colossal; les py- ramides de Ssakarah (ou Saqqarah) se dessinaient à l'horizon [1]. Je ne saurais vous rendre compte de l'impression que j'ai éprouvée en voyant ces constructions, les plus colossales que l'orgueil de l'homme ait jamais élevées; je ne pouvais me l'ex- pliquer à moi-même. Une foule de réflexions se succédaient rapidement dans mon esprit. Un peuple puissant s'est anéanti, me disais-je; tout a disparu, les tombeaux seuls sont restés! des milliers de géné- rations se sont succédé; une innombrable quantité de sages et de héros ont vécu et ont été oubliés, de- puis que le monde étonné a vu pour la première fois ces gigantesques édifices. Les hommes célèbres qui sont venus en Égypte, s'en sont approchés avec respect. L'armée française poussa, il y a peu d'an- nées, un cri de joie lorsqu'elle les aperçut, et son

---

[1] On en découvre onze à la fois, ce qui prouve bien que ces pyramides étaient de simples lieux de sépulture, et non pas des observatoires, comme on l'a prétendu pendant long- temps; pourquoi en réunir onze au même endroit, tandis que la chaîne de Mokattam en présentait de plus élevés?

général lui dit : « Soldats ! du haut de ces monumens « quarante siècles vous contemplent. »

Étant retournés à la base de la pyramide, nous approchâmes de l'issue qui mène à son intérieur ; les bédouins s'y précipitèrent pour nous montrer le chemin : chacun de nous portait un flambeau allumé. La base du monument est en grande partie ensablée, de sorte que l'entrée, jadis élevée au-dessus du sol, est aujourd'hui à son niveau. Cette entrée, masquée autrefois, comme celles de tous les tombeaux égyptiens, a été découverte, grâce, sans doute, à quelque indice extérieur : originairement le revêtement général de l'édifice la cachait. On descend d'abord une rampe en granit noir, qui se dirige vers le centre et la base de l'édifice, et dans laquelle sont soixante petites entailles qui remplissent l'office de marches. Arrivés au bas de cet escalier, nous trouvâmes deux grands blocs de granit, auprès desquels commence une galerie ascendante, extrêmement roide. Nous y montâmes péniblement au moyen d'entailles pratiquées dans une rampe très-difficile et très-étroite. Ce corridor, qui d'abord est assez haut, s'abaisse insensiblement : il est obstrué de sable et de décombres ; on n'y avance plus qu'en se courbant beaucoup. Nos flambeaux réveillaient une quantité de chauve-souris, qui voltigeaient autour de nous et dont les ailes venaient nous frapper au visage. Au milieu de cette galerie est une espèce de palier; on y voit un trou très-profond, auquel on donne le nom de *puits*. Le couloir se divise alors en deux branches, dont l'une continue à suivre sa première direction, et dont la seconde est horizontale: nous prîmes la dernière et arrivâmes bientôt à une petite salle, à laquelle on donne le nom de *chambre de la reine*. Elle ne contient aucun ornement, aucune inscription, et a dix-huit pieds deux pouces de long, sur quinze pieds et neuf pouces de large; son plafond a la forme d'un toit. Retournant sur nos pas et arrivés au puits, nous recommançâmes à monter la galerie principale; elle se dirige vers le centre de l'édifice: large à sa base de six pieds six pouces, elle se rétrécit en s'élevant et a environ cinquante pieds de hauteur. On monte en suivant de petits parapets construits le long des parois du couloir. Après avoir marché de cette façon l'espace de cent quatre-vingts pieds, on entre dans le second palier, qui jadis était fermé par des blocs de granit, il mène à la chambre dite *du roi*. Cette pièce, longue de seize pieds, large de trente-deux et haute de dix-huit, et dans laquelle on entre par l'un des angles, est entièrement revêtue de granit noir; elle renferme un sarcophage ouvert qui a sept pieds de long sur trois de large, et est d'un seul morceau de granit. Du reste, il n'y a aucun ornement dans la salle: le tombeau est vide et cassé en plusieurs parties; le couvercle a disparu. Nous

sortîmes très-fatigués de la pyramide : la chaleur et
la poussière qui y règnent, rendent impossible un
long séjour dans son intérieur.

Vous voyez, mon cher ami, que ces monumens, dans la construction desquels il semble que
l'homme ait voulu rivaliser avec la nature, sont
bâtis presque en masses ; car l'espace qu'occupent
les corridors et les deux chambres est à peu près
imperceptible, lorsqu'on le compare à l'énormité
de l'ensemble. On nomme encore aujourd'hui, conformément au récit d'Hérodote, la grande pyramide
de Djizeh, *tombeau de Chéops.* La seconde porte le
nom de *Céphrènes*, frère et successeur de ce prince.
La troisième, enfin, est regardée comme la pyramide de la fille de Chéops. Le même historien raconte que cent mille hommes furent occupés, pendant vingt-ans, à bâtir la grande pyramide. [1]

La pierre dont on s'est servi pour ces constructions est calcaire, très-dure et difficile à travailler.
Leur hauteur a été pendant fort long-temps un objet
de discussion, et on n'est pas encore d'accord sur

---

[1] Notre drogman, homme intelligent, et connaissant les
récits d'Hérodote au sujet des pyramides, crut devoir nous
les communiquer et s'exprima en termes assez plaisans : « Les
« dépenses de la nourriture des ouvriers, nous dit-il, se mon-
« tèrent à de telles sommes, que Chéops fut obligé de livrer
« sa fille à la prostitution pour achever le monument ; cette
« princesse réussit par les mêmes moyens à s'élever pour elle-
« même une pyramide assez honnête. »

ce point : les auteurs varient dans leurs indications ; cependant aujourd'hui on estime généralement que les proportions de l'ingénieur Grosbert,
auteur du plan en relief de la plaine de Djizeh, sont
les plus exactes. Il donne au tombeau de Chéops
448 pieds de hauteur perpendiculaire, sur 728 de
base ; à celui de Céphrènes 398 pieds d'élévation
et 655 de base; enfin, d'après lui, la pyramide de
la fille de Chéops aurait une base de 280 pieds et
162 d'élévation. Le sommet de la seconde est encore couvert d'un enduit très-dur, formé de gypse,
de cailloux et de sable : ce mortier paraît indestructible.

A peu de distance du tombeau de Chéops se
trouve le fameux sphinx colossal ; on n'en voit plus
que la tête et le cou ; son corps est ensablé : ce qui paraît encore, s'élève à trente-deux pieds au-dessus de
la terre. Il est entièrement taillé dans le roc sur lequel
la pyramide est bâtie. J'en ai fait deux dessins : l'un
de profil, l'autre de face. Mes guides et ma monture, qui se reposaient à côté de cette masse, me
faisaient l'effet de Lilliputiens. Au reste le monument est très-mutilé ; le nez manque entièrement.
Cependant l'exécution a dû en être très-belle. Ce
qui me frappa le plus, fut l'extrême hauteur de
l'oreille. Les traits du colosse sont africains : quoique ses lèvres soient épaisses, il y a beaucoup de
grâce et de douceur dans la bouche ; ses yeux sont

fixes, caractère ordinaire des ouvrages égyptiens. Nous montâmes sur la tête du monstre à l'aide d'une échelle de cordes. Une excavation étroite, dans laquelle on descend au moyen d'échancrures et qui a huit pieds de profondeur, est placée au point le plus élevé de la tête.

Après avoir examiné encore les petits tombeaux presque détruits et de forme pyramidale qui s'élèvent auprès du sphinx, nous partîmes pour Ssakarah.

Les pyramides auxquelles ce village a donné son nom, sont à trois lieues au midi de celles de Djizeh, et également à l'ouest du Nil. Nous cheminions dans le désert entre le fleuve et la chaîne libyque, en nous dirigeant vers les lieux où plusieurs voyageurs placent l'ancienne Memphis. Il n'existe plus de traces de cette cité : un bois de palmiers s'est élevé sur ses ruines, et le lieu même où elle florissait a été pendant long-temps un sujet de discussion. Les magnifiques temples de Vulcain et de Séraphis, la longue avenue des sphinx, les lacs que l'on traversait pour arriver à la plaine des pyramides, tout a disparu ; les sables du désert ont effacé ce que la férocité de Cambyse n'avait pu détruire. La rivale de Thèbes aux cent portes, n'a pas même conservé, comme Héliopolis, un obélisque qui dise au voyageur : C'est ici que Memphis a existé.

La nuit était déjà assez avancée, lorsque nous entrâmes à Ssakarah ; cependant la population du

village était encore en mouvement. Les uns faisaient
de la musique, les autres portaient des torches; on
criait, on applaudissait : une almée dansait au milieu de la troupe, en faisant les gestes les plus
lascifs. On nous reçut avec beaucoup d'hospitalité
dans une hutte arabe, la moins mauvaise du lieu.
Nous y trouvâmes un petit réduit un peu frais et
quelques cannes à sucre sèches, sur lesquelles nous
passâmes la nuit. Le lendemain, notre troupe fut
sur pied à deux heures du matin. Je me rendis,
avec mon compagnon de voyage, au bord d'un
canal profond, formé par les débordemens du Nil:
nous le traversâmes à la nage et entrâmes, à une
lieue de là, dans un village fort singulier; ses maisons, bâties en paille, ont la forme de pains de
sucre. Sa position est bien choisie : un bois de
palmiers l'entoure. Nous y fîmes halte pour manger
d'excellentes dattes rouges fraîches, que l'un des
habitans vint nous apporter. Après une autre heure
de marche, pendant laquelle nous longeâmes deux
collines parallèles fort longues, qu'on regarde
comme les restes d'une enceinte bâtie en briques
crues, nous arrivâmes au hameau de Mit-Rahineh.
On y a déterré, il y a six ou huit mois, une statue
colossale en marbre blanc ; elle est couchée, le
visage contre terre, au milieu de la forêt. La partie
inférieure du corps, à partir des genoux, n'existe
plus ; ce qui est resté a trente-quatre pieds cinq

pouces de long : la tête, la poitrine et l'un des bras, sont bien conservés ; la coiffure, tout-à-fait égyptienne et extrêmement élevée, est fort bizarre. Le nez de la statue est beau ; ses yeux sont taillés en amande, et un grâcieux sourire siége sur ses lèvres, dont cependant les coins me parurent trop relevés. Je ne pus juger des proportions de l'ensemble, qu'obstruaient des tas de terre et de décombres : elles sont exactes peut-être ; mais ce que j'en ai vu m'a paru d'une roideur extrême. Cependant on peut considérer cette statue comme un fort bel échantillon de sculpture égyptienne. A sa physionomie et aux inscriptions hiéroglyphiques qu'elle porte, M. Salt l'a reconnue pour être une statue de Sésostris.

Les pyramides de Ssakarah sont au nombre de six, beaucoup plus mutilées et plus basses que celles de Djizeh : on ne peut plus pénétrer dans leur intérieur ; elles n'ont point le grand caractère de celles dont je vous ai parlé en détail, et les éboulemens les rendent dangereuses. L'une d'elles cependant mérite, par sa forme singulière, de fixer l'attention. Elle présente six marches colossales, bâties les unes au-dessus des autres.

Les collines rocailleuses auprès desquelles on voit les pyramides sont toutes creusées, et contiennent une foule de tombeaux : celui dans lequel nous entrâmes d'abord est peu élevé ; l'architecture en est grave et noble. Deux rangs de piliers forment trois corridors, au bout desquels sont autant de portes. Les couloirs de droite et de gauche contiennent de vastes niches, au milieu desquelles sont les puits carrés et profonds qui renfermaient les momies. Le souterrain est revêtu en entier d'hiéroglyphes, d'abord taillées dans la pierre et peintes ensuite; leurs couleurs sont merveilleusement conservées. J'éprouvais un singulier étonnement en parcourant ces lieux fermés pendant un si grand nombre de siècles, et où la destruction a fait cependant fort peu de progrès. Tout parlait dans cette enceinte de la perfection à laquelle les anciens habitans du pays avaient porté les arts, tandis que des Égyptiens modernes, successeurs dégénérés d'une pareille nation, servaient de guides à des étrangers venus d'une terre barbare encore à l'époque où leur patrie était déjà florissante. Leurs corps nerveux et à moitié nus, leurs figures bazanées et leurs longues draperies blanches, éclairées par le feu rougeâtre de la torche de palmier, se détachaient sur ces murailles ténébreuses, revêtues d'hiéroglyphes. Ce groupe eût été digne d'exercer le pinceau d'un Rembrant. En sortant de ce tombeau, nous allâmes en visiter un grand nombre d'autres, qui sont beaucoup moins bien conservés. Les hauteurs de Ssakarah formaient autrefois le cimetière de Memphis. On y a fait une quantité de fouilles; elles ont été très-productives. Je m'arrêtai à plusieurs endroits où l'on travaille dans le moment actuel : on creuse à cet effet des puits carrés d'une grande profondeur ; car ce n'est guère qu'à soixante ou quatre-vingts pieds sous terre qu'on trouve de belles antiquités. Je descendis dans ces puits : on me lia une corde autour du corps, et sans plus de cérémonie on me laissa couler dans l'abîme avec une extrême rapidité.

Je vis une foule de cercueils en marbre : j'admirai beaucoup six sarcophages en granit gris, couverts d'hiéroglyphes aussi beaux que s'ils venaient d'être sculptés. Ils étaient très-grands et fort simples, n'ayant d'autres ornemens que leurs inscriptions.

Non loin de là existe le souterrain aux ibis ; on y pénètre par un puits semblable à ceux des fouilles, mais beaucoup moins profond, nous vîmes entassés, le long des parois de divers grands couloirs, des milliers d'urnes funéraires contenant des momies d'ibis, oiseaux jadis fort révérés par les Égyptiens, parce qu'ils détruisaient les reptiles qui désolaient leurs champs marécageux. Tous ces vases se ressemblent ; ils sont de terre cuite rouge, en forme de pains de sucre, et hermétiquement fermés au moyen de couvercles et de mortier. J'avais vu à Alexandrie des momies de chats et d'ibis d'une conservation parfaite, et dont les bandelettes étaient

encore aussi propres et aussi méthodiquement arrangées qu'au moment où l'on en avait entouré le
corps de ces animaux. Je brisai plusieurs de ces
vases, espérant en trouver de semblables, mais je
n'en découvris que de gâtées ; enfin, suffoqué par la
poussière, je terminai mes recherches et je sortis
de ce singulier souterrain. Il paraît qu'on embau-
mait les ibis de différentes manières : ces oiseaux
arrivaient chaque année à une époque fixe, allaient
dans les maisons où on avait coutume de les nourrir, comme le font les hirondelles chez les paysans
allemands ; lorsqu'ils mouraient, leurs hôtes leur
accordaient les honneurs de la sépulture : l'embaumement était plus ou moins soigné, selon le prix
qu'on voulait y mettre. D'autres grottes funéraires,
nouvellement découvertes, contiennent des momies
de chats et de bœufs entourées de bandelettes, comme
celles des ibis.

Nous quittâmes dans la nuit ces lieux si juste-
ment célèbres, et rentrâmes au Caire le lendemain
au point du jour.

Je suis, etc.

LETTRE XXXVII.

Du Caire.

Nous devons quitter le Caire dans deux jours pour visiter la haute Égypte et la Nubie; nous avons déjà loué une grande cange, avec neuf matelots et un reiss, moyennant cinq cent cinquante piastres par mois, et nos provisions sont faites. Avant de prendre congé du Caire, je veux essayer de vous peindre l'état actuel de l'Égypte et de ses habitans.

Mohammed-Ali, qui gouverne ce pays, mérite le premier d'arrêter votre attention. Je ne me donnerai pas la peine de démentir le conte adsurde qu'on a publié il y a quelques années, et d'après lequel le vice-roi serait né à la Martinique, et fils d'un officier supérieur français. La même histoire romanesque prétend qu'il est frère d'Aline, mère du sultan actuel, qu'ils furent pris tous deux par un corsaire de la Cavale, et qu'Aline, vendue à Constantinople et devenue ensuite sultane favorite, contribua la première à la fortune de son frère. Le fait est que le pacha d'Égypte est né à la Cavale, port de la Romélie, situé à trente lieues de Salonique, et que ses parens étaient d'obscurs Musulmans. Envoyé en Égypte par la Porte, qui, à cette époque, n'avait qu'une ombre de pouvoir dans un pays soumis à la domination des Mamelouks, Mohammed-Ali sut se former un parti et s'élever sur les ruines de tous les autres. Le massacre des Mamelouks et plusieurs actes de cruauté ensanglantent son histoire; mais quel que soit sur lui le jugement de la postérité, elle le placera, je crois, du moins sous certains rapports, parmi les hommes remarquables de son époque.

Une fermeté inébranlable, une extrême prudence, une résolution rapide et une exécution hardie distinguent toutes ses actions. Sous son administration l'Égypte changea bientôt de face; les troubles cessèrent et le commencement de son règne fut marqué par la réparation de tous les ouvrages d'utilité publique. Aussitôt que l'Égypte fut paisible, il porta son attention sur les canaux et les digues; il songea aux ressources qu'il pourrait tirer de la navigation intérieure et de l'agriculture, et établit l'irrigation des champs que leur éloignement du Nil rendait stériles. Il comprit que le vol et l'esprit de rapine des Arabes tuaient le commerce dans ses États; il sut réprimer ces hordes de brigands indisciplinés, et tandis qu'autrefois on n'osait s'éloigner du Caire sans courir le risque d'être

massacré ou au moins fait prisonnier par les Bédouins, on traverse aujourd'hui toute l'Égypte sans
avoir rien à craindre. Bravant à la fois les terreurs
de la superstition, si communes parmi les Orientaux, et le fanatisme des Égyptiens, il démasqua en
plusieurs occasions les imposteurs, qui, sous le voile
de la religion, dirigeaient le peuple à leur gré, et il
établit la tolérance dans les pays soumis à son gouvernement. Il fit plus encore; assez habile pour
extirper des préjugés qui, chez les Mahométans,
paraissaient indestructibles, il attira dans ses États
les nations commerçantes du monde entier; il
ouvrit à l'Europe le port vieux d'Alexandrie, dont
jusque-là un stupide orgueil avait refusé l'entrée
aux nations chrétiennes; il introduisit en Égypte
de nouvelles branches de culture : on vit prospérer
pour la première fois sur les rives du Nil le cotonnier et la canne à sucre. De grands ateliers s'élevè-
rent; des ouvriers, arrivés d'Angleterre et de France,
apportèrent dans la vallée du Nil les modèles des
machines ingénieuses qui sont employées dans nos
raffineries de sucre, dans nos filatures et dans nos
fabriques d'armes[1]. Une armée régulière, instruite

---

[1] Malheureusement la nature même met obstacle aux progrès
des fabriques en Égypte; une poussière fine pénètre dans les
ressorts les mieux fermés : l'air nitreux ronge le fer en moins
de trois ans, et les combustibles manquent presque entièrement.

à l'européenne, fut organisée au Caire. Mohammed-
Ali envoya en France les jeunes gens les plus distingués de ses États pour leur faire connaître les
arts, et il fonda en Égypte même deux établissemens
que dirigent des Français, et qui contribueront
puissamment sans doute à faire revivre les sciences
dans le pays qui fut leur berceau. Une école d'état-
major, fondée sur le modèle de celle de France, se
forma auprès du Caire. De jeunes Turcs et Arabes,
destinés à devenir officiers de l'armée d'Égypte, y
étudient les langues française, turque et persane,
les mathématiques, le dessin, l'artillerie, la topo-
graphie et l'art de la fortification. Tout auprès de
cet établissement, on construisit un hôpital magnifique pour douze cents malades; on y joignit une
école de médecine, et, sous la direction d'un médecin français, les jeunes Égyptiens s'instruisent
dans l'anatomie et dans plusieurs autres sciences
médicales. Il y a six ans qu'un Musulman eût craint
de se souiller à jamais en disséquant un cadavre.

Voilà sans doute de grands progrès; malheureusement la situation des habitans de l'Égypte ne s'est
point améliorée dans la même proportion; au contraire, les paysans sont dans une position plus misérable qu'ils ne l'ont jamais été. Mohammed-Ali
voyait le mal, mais la marche qu'il a adoptée pour
arriver à un meilleur état de choses a été vicieuse.

Il était nécessaire de stimuler la paresse natu-

relle aux fellahs, mais on s'y est pris avec la plus
révoltante dureté; d'ailleurs, la déplorable situation financière de l'Égypte, et l'indispensable nécessité d'avoir des fonds pour solder une armée
nombreuse, obligèrent le pacha à établir plusieurs
monopoles. Il ne connaissait point encore les ressources que peut fournir un gouvernement bien
organisé, ni les suites funestes qui devaient résulter
d'un semblable système. Les monopoles se sont
étendus à mesure que le besoin d'argent s'est fait
sentir; enfin, tout ce que le pays produit y a été
soumis. Une pauvreté générale en fut la conséquence, et l'on rencontre fréquemment dans la haute
Égypte, à ce qu'on m'assure, des villages dont la population entière s'enfuit, abandonnant ses maisons et
ses propriétés, pour se soustraire à l'impôt exorbi-
tant qu'on exige d'elle. Ajoutez à cela que l'Égypte
est un pays très-étendu, que les communications
n'y sont pas aisées comme en Europe, et que par
conséquent il est fort difficile à des gens à moitié
sauvages de faire parvenir leurs plaintes au gouvernement, de sorte que les catcheffs ou gouverneurs
des provinces, non contens d'exécuter les ordres du
chef de l'État, cherchent à s'enrichir eux-mêmes,
et exercent un despotisme local pire encore que
celui du pacha. Plus ils s'éloignent du Caire, et
plus, d'après le rapport de tous les voyageurs, ils
se permettent de criantes exactions; la Nubie sur-

tout est dans la situation la plus déplorable, depuis que le pacha l'a conquise et y a établi la conscription. On conçoit qu'une nation voisine de l'état de nature ne peut se plier à un joug semblable, et qu'elle quitte en masse ses foyers pour y échapper.

Vous le voyez, le gouvernement de l'Égypte est despotique; tout ce qui s'y fait dépend de la volonté du chef de l'État; cependant il y existe une certaine organisation pour diverses branches de l'administration : je vais essayer de vous en donner une idée, en vous transmettant les notions que j'ai pu recueillir à ce sujet durant mon séjour au Caire.

Je vous parlerai d'abord de l'administration civile et judiciaire. Le Kiâya-Bey est le chef de la première. Les réclamations et les affaires contentieuses se portent à son tribunal. Il a sous ses ordres des autorités secondaires, qui reçoivent du trésor un traitement fixe, tandis qu'autrefois ils jouissaient de priviléges et du droit de faire des avanies. On en compte quatre; ce sont :

Le *Mohteub* (Aga des subsistances), qui veille à la tenue des marchés et à la régularité des poids et mesures.

L'*Ouali* (Aga de la police), chargé de maintenir le bon ordre et de surveiller les voleurs et les femmes publiques.

L'*Aga des janissaires*, dont l'emploi est de maintenir la police parmi les soldats.

Le *Bache-Aga*, qui fait exécuter les ordres du gouvernement; il est chef des patrouilles de jour et de nuit. La répression des désordres qui se commettent dans les lieux publics fait partie de ses attributions.

Les différens quartiers des villes ont en outre des magistrats dont les fonctions sont à peu près celles de nos juges de paix.

Le Grand-Seigneur envoie tous les ans au Caire un juge suprême ou *Cady :* ses fonctions durent une année. Ce terme expiré, il va en passer une autre à Geddah, ensuite il retourne à Constantinople : les Cheycks et les gens de loi, qui sont innamovibles comme nos juges, sont sous ses ordres. Ce sont eux qui entendent les parties et les témoins, et examinent les procès; et c'est ordinairement d'après leur opinion que le Cady prononce. Mais malheureusement, si j'en crois ce que j'ai entendu dire, ces juges ne sont pas fort intègres; le pauvre qui plaide contre un homme riche et puissant est presque sûr à l'avance de perdre son procès. Les condamnés paient sur-le-champ les frais de procédure; ils ne peuvent jamais s'élever au-delà de quatre pour cent. Les quatre cinquièmes du produit des procès appartiennent de droit au Cady : le dernier cinquième revient à ses assesseurs.

La maison du vice-roi d'Égypte se compose de 1500 hommes, qui, à ce qu'on m'assure, étalent en général beaucoup de faste, et que leur insolence fait détester dans le pays. Les premiers officiers de la cour reçoivent des traitemens énormes et hors de proportion avec l'état de la fortune publique ; on en compte six, qui sont :

Le *Kiáhya-bey*, chef de l'administration civile, dont je vous ai déjà parlé.

Le *Seliktar* ou porte-épée, chef de la maison militaire du pacha.

Le *Khaznadar*, chargé de la comptabilité des recettes et des dépenses.

Le *Divan-effendi* : il administre les comestibles qu'on vend à l'étranger.

Le *commandant de la citadelle*, qui surveille la comptabilité des marchandises vendues à l'intérieur et à l'extérieur.

Et l'*Anactar-aghassi* (chargé de la clef), qui est chef du garde-meuble.

Ces premiers dignitaires du pays n'y jouent cependant point les premiers rôles. On voit toujours dans les États où la volonté du souverain est la loi suprême, des personnes d'un rang inférieur devenir les plus influentes, lorsque leurs fonctions les appellent à être sans cesse auprès du maître. Il en est de même en Égypte : le médecin du pacha et son secrétaire interprète sont après lui les principaux personnages de l'État. Celui-ci surtout joue le rôle de premier ministre ; mais on s'accorde généralement à dire au Caire que ces deux hommes jouissent à juste titre de la confiance du vice-roi.

Presque toutes les puissances de l'Europe ont des consuls en Égypte. Ces consuls sont les chefs des hommes de leur nation, et les rassemblent chez eux , quand cela est nécessaire. Les affaires contentieuses sont portées à leur tribunal; ils les jugent aidés de quelques assesseurs : les parties peuvent appeler du jugement des consuls aux tribunaux de leurs patries respectives. Les consulats forment donc, sous certains rapports, des colonies régies d'après les lois de leurs métropoles et les ordonnances qui sont observées dans les échelles du Levant. Les Francs ne sont soumis qu'à une légère rétribution pour l'entretien de l'hôpital des étrangers à Alexandrie : du reste ils ne paient aucun impôt.

Je passe maintenant à ce qui concerne l'administration des terres. Le seul impôt existant se nomme *myry* : il est plus ou moins élevé, suivant la qualité des terres ; du reste il n'est point fixe, et varie d'après les besoins du moment : le defterdar en fait la répartition et la soumet à l'approbation du vice-roi. En établissant le myry, le pacha a aboli les impôts indirects et les anciens droits des commandans des provinces. Cependant le myry, qui supprimait d'anciens abus, a été plus vexatoire que ces abus eux-mêmes. Il excède les facultés du paysan : en l'établissant, on a commencé par un nouvel arpentage des terres, cette opération a prouvé qu'il y avait beaucoup plus d'arpens (*feddans*) qu'on ne le croyait : l'impôt, maintenu dans les mêmes proportions qu'auparavant, a été réparti d'après le nombre de feddans ainsi augmenté, et dont cependant le revenu était resté le même. Le fellah, quoique propriétaire, est dans une position plus désavantageuse que celle du simple fermier ; il ne peut disposer de sa récolte avant que le pacha n'en ait pris pour l'exportation une quantité indéterminée. Le gouvernement fixe le prix de ce qu'il enlève ; ce prix, d'ordinaire beaucoup trop bas, est déduit du myry. En outre, on ne paie qu'à moitié prix les productions qu'on prend par réquisition, dans les villages, pour le pacha et les grands-officiers de sa maison. Le fellah conserve, au bout du compte, fort peu de chose à vendre sur les marchés ; et la totalité du myry une fois payée, il ne lui reste rien ; il a travaillé à peu près en pure perte. D'après ce système, le pacha est le seul grand commerçant de son pays : tout ce qui est destiné à l'exportation passe entre ses mains. Le fellah garde à peine de quoi fournir à la consommation intérieure, et celui qui veut se livrer au commerce étranger est obligé de racheter d'abord la marchandise au vice-roi ; voilà pourquoi l'on voit en Égypte des villages en ruine et des habitans mourant de faim au milieu des plus riches moissons. On estime, terme moyen, que le rapport du myry est de 20,000,000 de francs par an.

L'ensemencement des terres est terminé en Égypte au mois de Novembre; et les récoltes sont rentrées en général dans le courant de Mai. Dans la basse Égypte on donne deux labours, l'un avant, l'autre après les semailles ; le dernier remplace l'usage qu'on fait chez nous de la herse. Dans une partie de la haute Égypte, on ne laboure qu'une fois après les semailles, qui ont lieu lorsque les eaux se retirent et que les terres sont encore fangeuses.

Le *feddan* (arpent) reçoit en semence un douzième d'ardeb [1] de blé, et en rend de quatre à huit, suivant sa qualité. Pendant la croissance, les enfans arrachent à la main les herbes parasites qui pourraient étouffer le grain : lorsqu'il est mûr, on l'arrache de terre avec sa racine : les épis sont beaux; la paille est forte et peu haute.

Outre le blé, les principales productions végétales de l'Égypte sont les suivantes :

1.° Les *féves*. On les cultive partout; elles servent à la nourriture du peuple et des bestiaux : on

----

[1] L'ardeb fait quatorze boisseaux de France. L'orge est semée beaucoup plus épais que le blé : un ardeb de semence en rend de cinq à quinze.

les récolte un mois avant le blé. Au temps de la maturité on voit arriver sur les champs de féves des milliers de pigeons : on les écarte à coups de fusil et de fronde.

2.° Le *doura indigène*. Il s'en fait une immense consommation. Le pain de doura est assez bon : la plante atteint huit à dix pieds d'élévation, et exige de continuels arrosemens. La paille de doura sert à faire le feu et à couvrir les maisons des fellahs. On en sème un quart d'ardeb par feddan ; il en rend de quatre à dix.

3.° Les *lentilles*.

4.° Le *maïs* (châmy ou nily). On le sème à la fin de Juillet, lorsque le Nil commence à croître : on l'arrose comme le doura ordinaire. Les fellahs coupent une grande partie des épis du maïs avant qu'ils soient arrivés à leur maturité : on les fait griller pour les vendre ; les gens du peuple s'en nourrissent. Le maïs est récolté soixante-dix jours après avoir été semé ; un demi-ardeb en produit jusqu'à sept : on mange beaucoup de pain de maïs en Égypte.

5.° Les *pois chiches*. Deux tiers d'ardeb, semés par feddan, en rendent de trois à sept : les habitans en consomment beaucoup en vert ; le peuple les mange séchés et grillés. Les tiges servent à la nour-riture des bestiaux.

6.° Le *riz*. On le sème en Avril ; mais auparavant

on amollit le grain en le mettant dans l'eau, et en le faisant ensuite sécher au soleil. Pendant ce temps le champ destiné à devenir rizière reste sous eau ; il reçoit deux labours croisés, puis il est encore inondé et labouré : enfin on sème. Trois jours après, la terre est de nouveau submergée, et on laisse successivement entrer et découler l'eau de trois en trois jours, jusqu'à l'époque de la maturité. La récolte a lieu au mois de Novembre.

7.° Les *lupins*. Leurs tiges sont employées comme bois de chauffage : la graine se mange après avoir été trempée dans l'eau.

8.° La *canne à sucre*. Elle est aujourd'hui l'une des principales productions de l'Égypte ; on la plante dans les mois de Mars et d'Avril. La terre est d'abord labourée en plusieurs directions, puis le fellah trace des sillons, dans lesquels il couche des cannes fraîchement coupées ; il en laisse l'extrémité à découvert, pour faciliter la végétation. On coupe en Octobre les cannes mal venues et destinées à être consommées en vert : celles que l'on réserve pour la fabrication du sucre ne sont récoltées que vers la fin de Janvier. Le pacha a établi récemment plusieurs raffineries de sucre dans ses États.

9.° L'*indigo*. Il est planté en général dans les terres qui ont produit du trèfle. On le sème à la fin de Mars, après avoir donné au champ deux ou trois labours croisés. Cette plante exige de continuels

arrosemens : on en fait trois coupes, à trente jours
de distance l'une de l'autre : la première a lieu à la
fin de Juin ; la troisième est la plus belle. La graine
d'indigo se tire de la Syrie ; elle dégénère extrêmement en Égypte. Le même plant se cultive durant
trois années, dont la première est la plus pro-
ductive.

10.° Le *cotonnier* bisannuel. La terre destinée à le
produire est labourée en deux sens, puis pressée
sous un rouleau. On fait ensuite des petits trous à
deux pouces de distance l'un de l'autre, et on y
dépose au mois de Mars la graine, que l'on re-
couvre de terre, et qui d'abord est restée pendant
une nuit dans l'eau et a été passée à la cendre. Le
coton exige des irrigations fréquentes depuis l'époque des semailles jusqu'à celle de la récolte ; elle a
lieu en Septembre : on coupe chaque matin les
capsules mûres. Le cotonnier arbuste porte pendant deux années et est en rapport au bout de six
mois. Avant le gouvernement du vice-roi actuel, il
était à peu près inconnu en Égypte ; aujourd'hui
sa culture s'étend davantage de jour en jour. Le
feddan rend de trois à quatre quintaux de duvet.

11.° Le *lin.*

12.° Le *tabac.* Il est semé en Décembre dans les
feddans les plus voisins du fleuve. Deux mois plus
tard, on le transplante dans des champs fraîchement
labourés, en laissant six pouces d'espace entre

chaque pied. La récolte se fait au mois d'Avril : on détache, comme dans nos pays, la feuille de la tige : celle-ci porte de nouvelles feuilles, qu'on cueille après quarante jours ; elles sont moins bonnes que les premières. Le feddan rend au plus dix quintaux de tabac ; il est de qualité médiocre en Égypte.

13.° Le *safranon.*

14.° Le *henneh.* Les femmes égyptiennes se servent des feuilles de cet arbrisseau pour faire la pâte rouge dont elles se teignent la paume des mains et les ongles.

Le limon déposé par le Nil féconde régulièrement les terres ; on ne les laisse donc jamais reposer, et l'on se borne à changer la culture d'année en année.

L'Égypte produit beaucoup plus qu'elle ne consomme ; et comme le temps y est constamment beau, et que la crue du Nil est à peu près toujours la même, les récoltes sont presque assurées. On calcule en masse que l'Égypte rapporte annuellement à peu près 4,500,000 ardebs de grains de toute espèce ; ce qui fait plus de 14,000,000 de quintaux. Il y a dans les ports du Caire des écrivains chargés de tenir registre des denrées qui y arrivent, pour les soumettre aux droits dont elles sont frappées. D'après les informations que j'ai recueillies, le pays pourrait exporter presque la moitié de ses productions ; mais la négligence avec laquelle se

font les récoltes a produit une diminution de valeur dans les objets, et les a même fait refuser dans
plusieurs ports européens. D'ailleurs on a fixé le prix
des articles à un taux qui n'est pas mis en balance
avec celui des marchés d'Europe. Il en est résulté
qu'on a payé en numéraire la plupart des choses
qu'on a tirées de l'étranger, et que l'argent comptant est devenu de plus en plus rare en Égypte.
Autrefois une grande partie de la population égyptienne s'occupait de la fabrication des produits
indigènes : maintenant toute l'industrie est exploi-
tée par le vice-roi et pour son compte. Il salarie
les artisans qui exercent ainsi leurs professions
à son profit. Le pacha fournit les matières premières, et sait ce qui doit lui être rendu en ma-
tière ouvrée : personne n'a le droit de travailler
d'une manière indépendante ; le fellah ne peut
plus faire la toile grossière dont il s'enveloppe,
ni la misérable natte de jonc qui lui sert de lit ;
ou bien, s'il le fait, c'est comme ouvrier du prince,
et il est obligé de racheter ce qu'il fabrique lui-
même. Un semblable système a naturellement anéanti
la petite fabrication, et la valeur des productions
travaillées dans les campagnes a beaucoup diminué. Chaque branche d'industrie a son administration et son dépôt : chaque objet manufacturé est
muni de l'empreinte du pacha, pour prévenir la
fraude. Les fabriques nouvelles, établies sur le mo-

dèle de celles de l'Europe, ne sont encore que des essais, et, dans leur état actuel, elles ne peuvent offrir des ressources suffisantes pour contre-balancer la misère que le système adopté par le pacha a entraînée à sa suite.

Ce système funeste, attentatoire aux premiers intérêts du peuple, à ceux qui sont l'ame et la vie de la société, s'est étendu sur tout. On a fait rentrer peu à peu dans le domaine du fisc ce qui servit jadis d'aliment au commerce intérieur. Les monopoles frappent les objets de première nécessité, tels que les dattes sèches, la chaux, le plâtre, les pierres de construction, les fours à volaille, etc.

Je n'essayerai pas de vous donner le détail des relations commerciales de l'Égypte; cette tâche m'entraînerait trop loin et ne rentre pas d'ailleurs dans mon sujet; vous concevez de plus que, dans la situation actuelle du Levant, le commerce est fort gêné, et que ce n'est point le moment d'asseoir un jugement à ce sujet. La méfiance est générale et les affaires se font difficilement : le crédit est presque anéanti, et les négocians ne traitent guères qu'au comptant. Cependant Alexandrie est toujours le centre d'un trafic étendu, et l'Égypte, entourée de déserts, communique par des caravanes avec une grande partie de l'Asie et de l'Afrique. Les produits qui entrent en Égypte ou en sortent sont soumis à des droits de douane invariablement fixés. La monnaie est frappée pour le compte du vice-roi, mais au nom du sultan, dont toutes les pièces portent le chiffre. L'altération des monnaies, qui a été en croissant depuis plusieurs années, est parvenue à son comble.

Vous voyez, en dernière analyse, que, si le gouvernement du pacha actuel se dirige d'un côté vers un meilleur ordre de choses, il laisse de l'autre beaucoup à désirer, et qu'il est bien loin d'avoir procuré au pays un degré de prospérité qui corresponde à la beauté de son climat et à la fertilité de son sol. Cependant, je le répète encore, on ne peut nier que Mohammed-Ali n'ait beaucoup fait. Tout était à créer en Égypte : elle lui doit sa tranquillité intérieure ; il y a naturalisé des plantes qui pourront un jour alimenter un commerce étendu ; enfin, il a cherché à civiliser son peuple, et abjurant le puéril et intolérant orgueil des Orientaux, il a envoyé en Europe les plus distingués de ses sujets, pour y puiser des connaissances utiles. Son système d'administration a enfanté la misère, il est vrai ; mais cette misère n'aura qu'un temps : le mal qu'il a fait sera passager, tandis que le bien dont il est l'auteur sera durable. Que son successeur suive son plan de civilisation, en y apportant les modifications dont l'expérience a démontré la nécessité ; et l'on verra l'Égypte sortir de l'état misérable où elle languit depuis si long-temps. Sa population,

aujourd'hui chétive et malheureuse , s'accroîtra
rapidement. Les idées sages prendront insensiblement racine; l'agriculture et le commerce seront
libres et florissans ; un système bien entendu d'irrigation et d'impôts couvrira de moissons abondantes des terres jadis fertiles, sur lesquelles le désert a empiété, et que l'indigence laisse incultes. Le
Delta redeviendra, comme autrefois, le grenier
d'abondance de l'Europe. La culture de la vigne,
celle du mûrier et de l'olivier prospéreront ; des
prairies artificielles nourriront des troupeaux nombreux, et le commerce avec l'Orient et l'intérieur
de l'Afrique sera favorisé par l'établissement de
caravanserails et de citernes sur les routes que par-
courent les caravanes. La population égyptienne a,
en général, de l'imagination, de l'intelligence, de
l'aptitude à réussir dans ce qu'elle entreprend. Le
développement des hommes est rapide, tant au
moral qu'au physique; ils ont plus d'activité que
les autres Orientaux ; et je ne doute pas que cette
nation, bien dirigée, ne s'élève avec le temps au niveau des peuples civilisés de l'Europe.

Je terminerai ma lettre en jetant un coup d'œil
général sur la portion de l'Égypte que j'ai parcourue
jusqu'ici. Je vous dirai qu'en somme ce pays m'a
intéressé au plus haut degré ; que j'en ai trouvé le
climat délicieux , le sol extrêmement fertile et la
position très-favorable au commerce ; mais que,

quant à son aspect, je m'attendais, d'après les relations de mes prédécesseurs, à voir une contrée
beaucoup plus belle qu'elle ne l'est en réalité. Vol-
ney m'a paru le plus fidèle de tous les voyageurs
qui l'ont décrite; il présente le tableau le plus exact
de la basse Égypte, en disant : « Si l'on se peint un
« pays plat, coupé de canaux, inondé pendant
« trois mois, fangeux et verdoyant pendant trois
« autres, poudreux et gercé le reste de l'année ; si
« l'on se figure sur ce terrain des villages de boue
« et de briques ruinés, des paysans nus et hâlés,
« des buffles, des chameaux, des sycomores, des
« dattiers clair-semés, des lacs, des champs culti-
« vés et de grands espaces vides ; si l'on y joint un
« soleil étincelant sur l'azur d'un ciel presque tou-
« jours sans nuages, des vents plus ou moins forts,
« mais perpétuels ; l'on aura pu se former une idée
« rapprochée de l'état physique du pays. » Cette
description est parfaite, je n'ai pas un mot à y
ajouter.

  Je suis, etc.

LETTRE XXXVIII.

Du Caire.

Voici la dernière lettre que je vous écris de Masr la grande ; dans vingt-quatre heures j'en serai déjà assez loin : mais, après vous avoir parlé du pays, il faut encore que je vous fasse connaître ses divers habitans.

Les Arabes forment, depuis un grand nombre de siècles, la plus grande partie de la population égyptienne : on les divise en Arabes laboureurs ou fellahs, et en Arabes du désert ou bédouins. Ils sont, en général, de moyenne taille, très-basanés, maigres et fort musculeux : les formes du haut de leur corps sont régulières, sans être nobles ; mais leurs jambes sont presque toujours grêles et arquées. Leur front est saillant ; leurs yeux sont vifs, enfoncés et couverts par des sourcils noirs très-prononcés ; leur nez est assez long et droit : ils ont les lèvres minces, les dents blanches et régulièrement plantées, la barbe courte et peu touffue. Les Arabes, quoiqu'ils

soient les habitans les plus nombreux du pays
qu'arrose le Nil, n'ont aucune part à la direction
des affaires; ils forment une classe misérable, avilie
et presque esclave : aussi les traits de leur caractère
national se sont beaucoup effacés, surtout chez ceux
qui habitent les villes. Les bédouins d'Égypte eux-
mêmes, soumis actuellement à un régime sévère,
n'ont pas tous conservé l'impétueuse fierté de caractère qui les distinguait autrefois. Cependant ces bédouins, qui portent ici le nom d'Arabes *Kheych*
(Arabes des tentes), se regardent comme les seuls
véritables enfans d'Ismaël, et méprisent les Arabes
Hayt (des murailles), qui ont quitté la vie errante
de leurs pères pour se fixer dans les cités. Les bédouins sont divisés en tribus; des scheiks ou chefs
héréditaires les gouvernent, et obéissent à leur
tour au grand-scheik, qui commande à plusieurs
tribus.

A l'époque où les Mamelouks régnaient en Égypte,
les bédouins, jouissant encore d'une entière indé-
pendance, vivaient presque uniquement du produit
de leurs rapines; ils pillaient les bourgades, même
les petites villes, des contrées voisines : leur liberté
les rendait insolens, oisifs et errans; ils ne trouvaient de charme que dans le brigandage. C'est,
ainsi que je vous l'ai dit dans ma précédente lettre,
au pacha actuel qu'on doit la répression de ce fléau
de l'Égypte; il est parvenu, par son adresse, à

désunir les tribus en favorisant les unes aux dépens des autres, et leur a enlevé presque tous leurs chevaux. Ils ne peuvent plus, comme jadis, se répandre dans les campagnes et se retirer dans leurs déserts après les avoir ravagées ; d'ailleurs Mohammed-Ali s'est fait livrer des ôtages par les diverses tribus, et ces ôtages sont responsables des excès auxquels elles pourraient se porter. Aujourd'hui la plupart des tribus sont cantonnées ; leur existence est à peu près la même que celle des fellahs : elles vivent du produit de l'éducation de leur bétail, ou bien du service des caravanes. Ce genre de vie nouveau ne rend pas les bédouins heureux : leur existence était autrefois un voyage continuel ; ils ne s'arrêtaient en un lieu qu'aussi long-temps qu'ils y trouvaient de quoi pourvoir à la subsistance de leurs troupeaux. Pauvres et sans instruction, entièrement séparés des autres peuples, leurs mœurs restaient inaltérables, de génération en génération. Ils étaient à cheval pendant la plus grande partie de la journée ; actuellement encore on les voit toujours armés : à leur ceinture pend un long couteau ; ils portent en main un fusil à mèche ou une lance : une chemise liée au milieu du corps, un manteau flottant blanc ou bleu, une paire de sandales et un turban, composent leur costume. Ils ont conservé l'orgueil qui leur défend de s'allier à d'autres peuples, ou même à des fellahs : c'est parmi eux qu'on rencontre principalement les traits distinctifs de la physionomie arabe : ils sont d'une sobriété extrême ; une santé robuste en est la conséquence. Leurs mœurs sont très-pures encore : les bédouines ne sont point au nombre des prostituées qui abondent dans les villes d'Égypte. Les femmes sont chargées des soins du ménage, et tissent les étoffes qui servent à leurs vêtemens. Les tribus des bédouins se divisent en *férigs* ou familles. La loi du talion existe chez eux ; le sang demande le sang : la vengeance est un devoir, un héritage ; elle passe de père en fils : les fellahs peuvent racheter le sang ; les bédouins regarderaient un marché semblable comme un déshonneur. Ils ne sont pas zélés Musulmans : presque jamais ils ne font leurs prières ; ils n'observent ni les jeûnes, ni les défenses du Coran. Les fellahs, au contraire, sont les plus dévots des croyans : leur imagination ne se contente pas des pratiques prescrites par Mahomet ; ils ont encore des saints à qui ils élèvent des tombeaux ; ils vont s'y prosterner, et ils y déposent, comme offrandes funéraires, des cheveux, des morceaux d'étoffes, des lampes, des pierres, etc. Ces saints n'étaient autre chose, durant leur vie, que des fous, à qui leur simplicité vaut dans l'autre monde un rang élevé, dont leurs fidèles adorateurs ressentent dans celui-ci la puissante intercession ; ou bien c'étaient des espèces de fakirs qui, restant des années entières immobiles et absolument nus, attendaient des aumônes sans jamais implorer la charité de personne. L'esprit faible et porté à la superstition de ces Arabes leur fait croire que les Européens sont doués de pouvoirs surnaturels, et voués à la magie et à la sorcellerie. On regarde l'hospitalité et le courage comme les principales vertus de ces peuples : je n'en puis juger encore par moi-même; mais je désire que la première des deux ne se démente pas à mon égard.

La langue arabe est celle qui se parle généralement en Égypte. On compte vingt-quatre tribus de bédouins sur la rive gauche du Nil; il y en a vingt-six sur la rive droite de ce fleuve.

Les *Turcs*, vaincus jadis par les Arabes, sont aujourd'hui les dominateurs de l'Égypte, quoique les moins nombreux de ses habitans. Je ne vous en parlerai plus; j'ai cherché à vous les faire connaître pendant mon séjour en Turquie et dans l'Archipel; ils sont partout les mêmes.

Une autre nation établie en Égypte mérite, par son origine, de fixer votre attention, malgré l'avilissement où elle est tombée; je veux parler des Coptes. Ce peuple, qui à une peau jaunâtre joint des traits et des formes semblables, sous plusieurs rapports, à ceux des Nègres, descend des anciens Égyptiens. Mais ces fils d'une nation illustre sont bien dégénérés, et leur dégradation remonte à une

époque reculée. Vaincus depuis vingt siècles, et per-
sécutés tour à tour par les Perses, les Romains et les
Mahométans, ils ont perdu leurs connaissances, leurs
mœurs et leur langage, et sont devenus les esclaves
de leurs conquérans. La servitude mène à la dissi-
mulation, à la souplesse et à la fourberie. Lorsque
les Coptes acquièrent quelque pouvoir, ils se ven-
gent, à l'exemple des Grecs, sur les hommes de leur
nation des humiliations que leurs dominateurs leur
font éprouver. Ils remplissent aujourd'hui les fonctions d'écrivains du gouvernement; sous les Mamelouks ils administraient les finances de l'État.

La langue copte moderne, mélange de l'ancien
égyptien et du grec, pouvait donner la clef de bien
des inscriptions antiques; malheureusement elle est
tombée en désuétude : les Arabes, en faisant la con-
quête du pays, ont imposé leur langue aux vaincus.
Depuis lors, le copte moderne a été entièrement
négligé et presque oublié; il n'existe plus que dans
les livres d'église : les prêtres et les moines eux-
mêmes en ont perdu peu à peu la connaissance,
et ne comprennent la liturgie qu'au moyen d'une
ancienne traduction arabe qui se trouve en face:
la plupart d'entre eux ne savent plus lire les caractères sacrés.

Les Coptes sont chrétiens; on en compte 160,000
en Égypte : ceux de la campagne sont fellahs ou
artisans; ils tiennent beaucoup à leurs anciens usages

et à l'austérité de l'extérieur : aussi leurs femmes ne
se montrent jamais que voilées. Ils ont un patriarche,
qui est leur chef spirituel, et à qui ils témoignent
le plus profond respect. Les dogmes de leur religion sont rigidement observés quant à la forme;
les autres communions chrétiennes sont regardées
par eux comme hérétiques. Les Coptes possèdent
une très-grande quantité d'églises, de chapelles et
de couvens dans la haute et dans la basse Égypte.
Les prêtres qui les desservent vivent de leur industrie et des dons des gens de leur croyance : ces
prêtres doivent être mariés; mais si l'un des deux
époux meurt, l'autre reste dans le veuvage. Les
moines coptes, au contraire, sont condamnés au
célibat, et c'est parmi eux que sont choisis les évê-
ques. L'entrée d'un Copte dans la vie monastique
se fait d'une manière assez bizarre. Celui qui veut
devenir cénobite en demande l'autorisation au patriarche; son initiation a lieu sans noviciat. Au
jour indiqué il se rend à l'église; on le couvre d'un
linceul, et l'on célèbre l'office des morts. Il est
mort au monde du jour où il est moine; aussi,
lors de son décès, on l'enterre sans aucune cérémonie. La communion sous les deux espèces et la
confession sont en usage parmi les Coptes : comme
ils ne s'allient qu'entre eux, leur nation s'est conservée pure au milieu des révolutions dont, depuis
tant de siècles, l'Égypte est le théâtre.

J'ai été à même d'obtenir des renseignemens précis sur la manière dont les mariages se concluent parmi les Coptes; c'est un singulier mélange de cérémonies juives, chrétiennes et musulmanes.

Le Copte qui veut se marier charge une de ses parentes de voir la fille qu'il a dessein d'épouser, et de recueillir sur elle des renseignemens; lorsqu'ils sont tels qu'il les désire, il cherche à obtenir le consentement de la famille, et envoie, par la même femme, à la jeune fille un nombre de pièces d'or proportionné à ses moyens; si celle-ci donne son approbation à la demande, elle baise la main de la matrone.

Le curé et les parens du futur dressent avec ceux de la fiancée le contrat de mariage. Ce contrat stipule une certaine somme donnée par le marié; l'épouse en touche tout de suite la moitié, qu'on appelle *dakhleh* (l'entrée); l'autre moitié, qui porte le nom de *el-khargeh* (la sortie), est destinée à son enterrement, et n'est payée qu'à sa mort ou à celle du mari, si c'est lui qui meurt le premier.

Le futur prévient les parens de sa prétendue trois jours avant la célébration du mariage, afin qu'elle se rende au bain. Le jour suivant une femme Mâch-tah (chargée de la préparation du henneh dans les mariages) se rend chez la fille; elle lui applique aux ongles, dans l'intérieur des mains et à la plante des pieds, une pâte luisante, qui se compose de feuilles

broyées de tamar henneh et d'huile : cette pâte donne
à la peau une teinte rouge-jaunâtre qui dure plusieurs jours. Lorsque les futurs sont riches, des almées dansent et improvisent des chansons analogues
à la circonstance pendant l'opération de la Mâchtah.

Le lendemain de cette cérémonie, les parens du
marié vont chercher sa femme ; un homme les ac-
compagne en qualité de parrain. La future entre
dans la maison, dont elle devient la maîtresse, à
deux heures après minuit, et elle marche dans le
sang d'un mouton qu'on égorge devant elle au moment même où elle passe le seuil. La bénédiction
nuptiale peut se donner aussi bien dans l'intérieur
des maisons que dans les églises : les époux la reçoivent en présence de leurs parens et de leurs
amis ; la femme reste voilée : on bénit deux anneaux,
qu'on met au doigt des mariés. Un grand festin a
lieu au milieu de la nuit : immédiatement après la
cérémonie et au milieu de ce repas, on apporte
deux pâtés sucrés et creux intérieurement ; les plus
âgés des convives les brisent avec des baguettes ;
deux pigeons s'y trouvent ; et lorsqu'ils prennent
leur volée aussitôt après que la pâte a été cassée,
on en tire un heureux augure pour le mariage.

Le père porte sa fille au lit nuptial avant le lever
du soleil ; et la mère est chargée d'annoncer aux
assistans que sa fille était vierge et que le mariage
est consommé.

Ceux-ci font alors des présens à l'épouse : ces présens varient suivant le rang des mariés ; chez les gens riches ils consistent d'ordinaire en bijoux, étoffes et cachemires. Il est fort rare qu'une Copte ne soit pas mariée à quinze ans ; à cet âge déjà elle passe pour vieille fille : avant son mariage elle porte un voile blanc, elle le quitte alors pour en prendre un noir. Les femmes de cette nation sont très-respectueuses à l'égard de leurs maris : leur condition est la même que celle des femmes turques ; elles donnent à leur époux le titre de *Sydy* (maître), lui baisent la main tous les matins, lui servent la pipe et le café, et se retirent alors dans leur appartement. Jamais elles ne mangent avec lui ; elles ne sortent point de leur maison, depuis le moment du mariage, jusqu'après les premières couches : les femmes stériles sont pour la plupart fort malheureuses. Les enfans traitent leur père avec le plus profond respect, et ne s'asseient jamais en sa présence. La manière de vivre des Coptes dans leur intérieur est absolument semblable à celle des autres Orientaux. On en compte en Égypte environ cinq mille qui suivent le rit latin : à cette différence près, leurs mœurs sont celles des autres Coptes.

Il y a en Égypte des Grecs catholiques et des Grecs schismatiques. Les premiers sont presque tous des Syriens dont les ancêtres se sont établis en Égypte pour y faire le commerce. Ils sont au nombre de quatre mille, dont les trois quarts habitent le Caire, et ne forment qu'une grande famille ; car ils ne contractent presque jamais de mariages parmi les nations étrangères à leurs mœurs et à leur religion. Ils ont des prêtres, mais point d'église : leurs cérémonies religieuses se célèbrent dans le couvent de la Propagande au Caire ; le casuel des sacremens et la collecte du nouvel an fournissent à l'entretien de leur culte.

Les Grecs schismatiques se divisent en deux classes très-distinctes, dont l'une se compose des descendans de Grecs établis récemment en Égypte, et l'autre de ceux des anciennes colonies grecques du Nil. Ces derniers ne se sont point mêlés aux diverses races du pays, quoiqu'ils en aient adopté les mœurs et le langage : les traits et le caractère des Grecs de l'Archipel se sont perpétués parmi eux. On en compte à peu près cinq ou six mille au Caire ; ils y habitent les quartiers d'Ardh-el-Roum et d'Ionanyeh, soumis à l'autorité établie ; ils n'ont pris aucune part aux derniers événemens et n'ont jamais été inquiétés : ils continuent tranquillement à s'occuper de leurs métiers et du commerce de détail. Les Grecs schismatiques possèdent plusieurs couvens en Égypte ; le fameux couvent du mont Sinaï, que j'espère visiter avant de quitter l'Orient, est habité par des moines de leur religion.

Les Juifs, qu'on rencontre partout, se sont également établis en Égypte; haïs, méprisés, repoussés, voleurs, fripons et pauvres, leur existence y est aussi misérable que dans le reste de l'Orient. Ils habitent principalement le Caire, et y sont réunis, au nombre de trois mille environ, dans un quartier que j'ai été visiter par curiosité ces jours derniers. Figurez-vous une ville entourée de murs, fermée comme une prison; des rues beaucoup trop étroites pour que deux personnes y puissent passer de front; des maisons qui se touchent; une obscurité profonde, un air épais et infect, des habitans sales, maladifs, aveugles, couverts de dartres et de pustules; et vous aurez une idée de cet épouvantable quartier israélite. Vous ne sauriez concevoir la surprise que j'ai éprouvée en voyant paraître, de temps en temps, dans ce lieu d'horreur et au milieu de ces êtres dégoûtans, quelques jeunes gens dont les formes, nobles et prononcées, avaient tout-à-fait le caractère auguste que les plus grands artistes ont donné aux têtes du Christ. Les Juifs ont plusieurs synagogues dans leur quartier, ils s'occupent de négoce, d'usure et d'agiotage.

Beaucoup d'hommes de la Nubie et du Dongola habitent la basse Égypte; ils sont en général d'un noir assez prononcé, maigres et fort laids, sans avoir cependant les traits nègres. Ils passent pour bons, fidèles et sobres : leur poil devient blanc de bonne heure; rien de plus singulier que de voir

ces barbes argentées qui encadrent des visages couleur de bronze.

On compte au Caire deux ou trois mille Armé-
niens, qui vivent mêlés à toutes les autres nations,
et n'habitent pas de quartier séparé. Ils savent fort
bien se conformer aux usages des peuples avec
lesquels ils trafiquent, et se livrent ici à toutes
sortes de professions et d'industrie. Les principaux
d'entre eux sont employés en qualité de changeurs
(sérafs) par le gouvernement; ils exercent libre-
ment leur culte en Égypte.

Enfin, pour achever le tableau de la population
si mélangée de ce pays, il ne me reste plus qu'à
vous rappeler que presque toutes les nations de
l'Europe ont des consuls en Égypte, que beaucoup
de négocians européens s'y sont établis, et que le
pacha à pris à sa solde un grand nombre d'Occi-
dentaux pour peupler ses fabriques et travailler à
la civilisation de ses sujets.

Je suis, etc.

LETTRE XXXIX.

Minieh.

Après avoir écrit ma dernière lettre, j'ai été au port du vieux Caire, pour voir si notre cange était prête. J'avais eu soin de la faire plonger pendant vingt-quatre heures, afin de détruire les rats, les souris et les insectes, qui l'infestaient. Nous partîmes le jour suivant, à midi précis. La barque, poussée par un vent du nord très-frais, fendait légèrement les eaux rougeâtres et rapides du Nil, et bientôt nous perdîmes de vue le vieux Caire et la citadelle. Le fleuve débordé ressemblait quelquefois à un vaste lac; il couvrait d'immenses plantations de blé, de riz, de dourah et de cannes à sucre : il paraissait s'étendre jusqu'aux arides collines calcaires qui forment la limite du désert. Du côte de l'orient la vue était bornée par la chaîne de Mokattam; une forêt de palmiers s'étendait au pied de ces hauteurs : de temps en temps le vent s'y élevait et formait des trombes de sable qui cachaient la figure bizarre des montagnes d'Égypte. Les villages, construits sur des élévations et entourés de bosquets où se mariaient les feuillages des divers arbres du pays, présentaient de toutes parts des îles verdoyantes. Nous passâmes, long-temps avant le coucher du soleil, devant les pyramides de Saqqarah et de Dahchour. Je remarquai la forme irrégulière de l'une de ces dernières. Sa base est très-étendue, et la ligne de ses angles dessine une courbe. C'est ici qu'on aperçoit l'ancien bras du Nil, desséché aujourd'hui, et que les gens du pays nomment *Bahr-Bela-ma* (mer sans eau). On y trouve une grande quantité de pétrifications. [1]

Nous vîmes encore trois pyramides dans la soirée; elles sont toutes très-ruinées. Celle de Meidoun est composée de deux parties placées l'une sur l'autre avec un ressaut; elle est beaucoup moins inclinée que ne le sont ordinairement les pyramides. A en juger par ses restes, elle a dû être fort élevée.

Nous nous arrêtâmes, à la nuit, auprès d'un misérable hameau qu'ombrageait un groupe de sunts et de dattiers et vis-à-vis duquel on aperçoit, sur la rive orientale, un village nommé *Atfyh*, qu'on croit être à peu près sur l'emplacement de l'ancienne ville d'Aphroditopolis, consacrée à Vénus.

---

[1] Le Bahr-Bela-ma se dirige vers la Méditerranée, et l'on peut suivre ses traces jusqu'au sud-ouest du lac Maréotis.

Laissant sur la rive occidentale, à une assez grande distance du fleuve, le village de Bonsir, j'arrivai le lendemain de fort bonne heure à Bénisouef, chétive petite ville, où le pacha actuel a établi une caserne pour ses troupes organisées à l'européenne et une grande manufacture de coton.

La chaîne de Mokattam, qui s'éloigne du Nil en face du Bénisouef et s'abaisse considérablement, donne naissance en cet endroit à une vallée qui s'étend jusque vers la mer Rouge et y forme la plaine de l'Arabah, que termine le mont Kolzin.

On montre dans cette vallée les grottes qu'ont habitées jadis S. Paul et S. Antoine, les plus anciens anachorètes de l'Égypte. Deux couvents ont été construits sur le sol qui couvre ces retraites.

C'est au nord-ouest de Bénisouef que se trouve le birket Qeroun, ou lac de Qeroun, que l'on considère comme un reste du fameux lac Mœris, sur les bords duquel s'élevait le labyrinthe qui portait le même nom.

La province de Fayoum, dans laquelle nous étions alors, est la plus fertile et la mieux arrosée de l'Égypte, quoique peu cultivée aujourd'hui. Elle renferme l'ancienne préfecture d'Arsinoé, située au midi de celle d'Héraclée. On voit, dit-on, encore les derniers vestiges de sa capitale auprès de la ville de Medinet-el-Fayoum. Les villages d'Ellahoum et de Haouara, qui en sont peu éloignés, présentent également des restes antiques. On y remarque des pyramides bâties en briques de terre séchées au soleil. La première des deux ne forme plus aujourd'hui qu'une masse ronde très-détériorée.

Le birket Qeroun a été le sujet de grandes discussions parmi les voyageurs : suivant les uns, ce lac est artificiel ; suivant les autres, il est formé par la nature. D'après cette dernière opinion, que Denon partage, la fable d'une mer creusée par la main des hommes doit son origine aux canaux construits dans la plus haute antiquité par le Pharaon Mœris, pour arroser la province d'Arsinoé, en déversant une partie des eaux du Nil dans le grand lac naturel, appelé aujourd'hui *birket Qeroun*. Ce lac devenait ainsi un vaste réservoir, auquel l'Égypte devait sa fertilité, lorsque la crue du Nil était trop faible, et dans lequel on faisait écouler les eaux, lorsque l'inondation était trop grande.

J'avoue que cette manière d'envisager les choses m'a paru la plus naturelle. Comment soupçonner en effet, malgré l'énormité des ouvrages construits par les Égyptiens, qu'ils aient creusé un lac qu'on estime avoir près de trente lieues de tour [1] ? J'ajouterai de plus, avec Denon, que toutes les descriptions que l'antiquité nous a laissées du lac Mœris sont assez obscures, et qu'il est fort probable que

---

1 Les auteurs anciens lui donnent cent lieues de tour.

les prêtres égyptiens, si jaloux de ce qui pouvait contribuer à la gloire de leur patrie, ont couvert d'un voile mystérieux tout ce qui était relatif à une province éloignée et peu visitée. Cette opinion d'ailleurs ne détruit nullement l'identité du lac Mœris avec le birket Qeroun (ou el Karoun). L'inspection des lieux semble même indiquer que le birket Qeroun est creusé par la nature. Quoi qu'il en soit, celui qui a construit des canaux pour faire couler les eaux surabondantes du Nil dans cet immense réservoir, qui a ainsi fertilisé une province considérable, et changé en un lac utile un vaste marais, n'en avait pas moins de droit à la reconnaissance de ses sujets et de leurs descendans.

Malheureusement ce lac n'a plus aujourd'hui aucune utilité : un désert a remplacé les campagnes cultivées qui l'entouraient autrefois. Son eau saumâtre est à peine potable. On ne découvre aucun vestige d'antiquité sur les îles du birket Qeroun : plusieurs voyageurs cependant supposent qu'elles ont servi de base aux fameuses pyramides de Mœris. A une lieue de la pointe méridionale du birket Qeroun, près du village de Qasr Qeroun, on montre quelques chambres et un portique ancien peu considérables et très-détériorés. [1]

---

1 Ces ruines sont connues aujourd'hui sous le nom du temple de Kasr Qeroun (ou Qasr el Haroun); elles ont la

Je ne puis vous exprimer ce que nous eûmes à souffrir de la chaleur après avoir quitté Bénisouef; vous le concevrez en vous rappelant que nous voyageons dans la saison la plus chaude de l'année, et que nous approchons du tropique. Les précautions que j'ai fait prendre avant notre départ ont été rendues inutiles par la mal-propreté extrême de nos bateliers. Les insectes pullulent dans la cange; les rats et les souris viennent en plein jour dévorer nos provisions dans la petite cabine qui nous sert de chambre à coucher.

Nous laissâmes, sur les deux rives, plusieurs villages bâtis en terre, comme ceux de la basse Égypte, mais d'un aspect plus misérable encore. Nous nous arrêtâmes au hameau de Bébé, construit au milieu de palmiers, sur le bord occidental du Nil. Un couvent copte existe dans ce village; on y conserve les reliques de S. George. Un ouragan nous obligea de passer une demi-journée auprès de ce misérable hameau, malgré le soin qu'avaient eu nos rameurs de jeter du pain dans le Nil en passant devant le tombeau d'un Santon, dans l'espérance de le rendre favorable et d'obtenir bon vent, grâce à son intercession. Les coups de vent sont fréquens sur le Nil;

---

forme d'un parallélogramme, et renferment quatre grandes chambres et douze petites. Un autre temple peu considérable et bâti en briques s'élève à peu de distance de ces restes.

très-souvent les plus grosses barques y chavirent.
Nous profitâmes de ce retard forcé pour acheter
des provisions. On nous apporta une quantité de
poulets à vingt paras (quatre sous) la pièce; ils
étaient déjà assez gras pour être rôtis, et j'ordonnai
à notre cuisinier d'en tuer deux. Une grande diffi-
culté s'éleva : il prétendait ne pouvoir faire l'opération qu'avec un couteau muni de trois clous au
manche, affirmant, d'un air dévot, qu'il lui était défendu de le faire autrement. J'en cherchai inutile-
ment un de cette espèce parmi les miens : enfin le
reiss, voyant notre embarras, offrit le sien avec ré-
pugnance, recommandant de bien le nettoyer avec
du sable, afin d'enlever la souillure qui résulterait du
sang répandu.

Le lendemain, le temps était beau et le vent
favorable; nous cheminâmes rapidement. Les rochers de Mokattam dessinent ici, le long du Nil,
une chaîne non interrompue, qui quelquefois descend à pic dans l'eau, rétrécit le cours du fleuve et
présente l'apparence d'une succession de forts cré-
nelés. Souvent leurs masses énormes, semblables à
des caps, sont jetées au milieu du fleuve : le vent,
frappant contre ces rochers, tourbillonne et en rend
le passage fort dangereux. Plus loin, une lisière
étroite de terre végétale sert de base à ces montagnes :
elle est couverte de la plus brillante verdure. Sous
des bosquets touffus de palmiers, de sunts et de sy-

comores paraissent de temps en temps de petits hameaux, dont la structure et la position me rappelaient les peintures qu'on nous fait de ceux de la mer Pacifique. A ces langues de terre succèdent des espaces ouverts; la chaîne arabique, s'éloignant du Nil, laisse entre elle et le fleuve de vastes terrains, qui sont consacrés à la culture: de longues plantations de trèfle, de dourah, de cotonniers et de cannes à sucre, s'étendent autour des bouquets d'arbres et forment de rians points de vue, où l'œil se repose avec délice. L'aspect des montagnes, quelque arides qu'elles soient, a toujours du charme pour ceux qui y sont nés; aussi la haute Égypte a-t-elle beaucoup plus d'attraits à mes yeux que le monotone et fertile Delta.

Nous laissâmes sur le rivage oriental Shekb, bâti à peu de distance des premiers rochers du Djebel-el-Teyr[1], ainsi nommé à cause de la quantité d'oiseaux qui l'habitent. La côte occidentale, plus riche et plus étendue, nous montrait une campagne cultivée jusqu'au rivage du fleuve. Quelques îles d'un aspect agréable sont au milieu du Nil. Sur ce même rivage on voit les villages de Gindieh et d'Abou Girgeh; un grand couvent copte a été bâti dans ce dernier endroit.

Nous nous arrêtâmes à Minieh, jolie petite ville,

---

[1] Montagne des oiseaux.

où le pacha a établi une garnison nombreuse et une grande filature de coton. Les débordemens ont causé de grands dégâts dans cette ville, dont le port et le quai ont été rongés par l'eau. Cependant elle est infiniment plus riante que toutes celles que j'ai vues depuis mon départ du Caire. On la croit bâtie sur l'emplacement de Cynopolis, où était un temple consacré au dieu Anubis.

La plaine qui entoure Minieh et s'étend jusqu'au bras du Nil appelé *canal de Joseph*, est riche comme les terrains les plus fertiles du Delta et l'une des plus belles de l'Égypte : la végétation y est forte et vigoureuse; les villages y sont nombreux, rapprochés, couverts de dômes épais de feuillage, et forment les plus gracieux tableaux. Nous traversâmes à cheval cette campagne charmante, en nous dirigeant vers la chaîne libyque. Mais au-delà du Bahr Yousef (canal de Joseph), le paysage changea d'aspect; nous entrâmes dans un désert aride, comme celui qui entoure les pyramides : des sables brûlans, chassés par des vents embrasés, empiètent tous les ans sur les terres cultivables. Ces sables ont couvert Oxyrinchus, jadis capitale de la trente-troisième province de l'Égypte. La ville de Behnèsé, élevée sur ses ruines, a été engloutie également; il n'en reste que quelques colonnes : un bourg moderne du même nom l'a remplacée. Il est plus rapproché du Bahr Yousef. Peut-être que, dans quelques siècles, il aura éprouvé le sort des villes qui l'ont précédé.

Nous retournâmes à Minieh, fatigués de notre course et attristés de ce que nous avions vu. Notre équipage reçoit à l'instant la provision de pain qu'il a fait cuire ici pendant notre petit voyage; on se dispose à appareiller.

Je suis, etc.

LETTRE XL.

Du Nil.

Après que nous eûmes quitté Minieh, un coup de vent nous obligea à nous arrêter pendant deux heures sur la rive orientale du Nil, auprès de Zaouyet. A côté de ce village on en voit un autre entièrement ruiné et abandonné : de beaux palmiers ombragent ses décombres. L'espace qu'y occupaient jadis les rues est aujourd'hui cultivé. Entre les ruines et le village encore existant s'étend un grand cimetière ; les habitans des hameaux voisins viennent y ensevelir leurs morts. Les tombeaux, fort rapprochés les uns des autres et bâtis en terre, ont des formes très-variées ; cependant celle qu'on retrouve le plus fréquemment présente un cône peu élevé et très-large en proportion de sa hauteur. Vu à cinquante pas, ce cimetière est de l'aspect le plus singulier : on croit apercevoir une prodigieuse quantité de vastes ruches, placées les unes à côté des autres. Des collines calcaires escarpées et à formes tourmentées dominent le village. Je remarquai un grand nombre d'ouvertures à mi-côte, et, jugeant

que ce devaient être des tombeaux antiques ou les
premières grottes de la Thébaïde, dans lesquelles se
réfugièrent les anachorètes chrétiens, je m'y rendis.
Un peu avant d'y arriver, je m'arrêtai sur une petite
terrasse naturelle de dix pieds carrés environ : elle
était plus élevée que les arbres du voisinage. De ce
lieu je découvris la contrée environnante, et je pus
mieux juger que je ne l'avais fait jusqu'alors de
l'étendue des inondations du Nil. La vallée d'Égypte
est fort large en cet endroit; le pays, jusqu'à la
chaîne libyque, semblait une mer légèrement agi-
tée; les bois, et en général les lieux élevés, se présentaient comme autant d'îles ; les plantations les
plus touffues couvraient ce charmant archipel.
Quittant mon belvédère, je fus bientôt à la hauteur des rochers : je ne m'étais point trompé; ils
sont creusés en tout sens; les grottes et les tombeaux antiques se touchent : on ne saurait faire
vingt pas sans en rencontrer. J'en examinai d'abord
plusieurs qui sont très-détériorés : des milliers de
chauve-souris, qui voltigeaient autour de moi en
me passant sur le visage, m'obligèrent d'en sortir
très-vite. Enfin j'examinai en détail un tombeau
carré, très-mutilé à la vérité, mais décoré d'une
quantité de sculptures et d'hiéroglyphes. Son plafond, couvert de plâtre, était élégamment peint à
fresque ; une large raie d'hiéroglyphes le divisait
en deux parties égales ; deux pilastres, brisés ac-

tuellement, soutenaient jadis ce plafond : les parois
du monument sont de pierre calcaire blanchâtre, et
couverts de bas-reliefs relatifs à la vie domestique
et civile des anciens Égyptiens. Deux statues assises, entre lesquelles il en est une troisième debout, ornent le fond du tombeau.

Nous continuâmes notre voyage ; je remarquai
toujours les mêmes traces de grottes et de tombeaux
antiques dans les rochers du rivage ; partout j'apercevais des vestiges de villes et de villages ruinés.

Nous nous arrêtâmes un jour à Beni-Hassan, où
sont des hypogées très-remarquables ; j'y admirai
des peintures bien conservées en certaines parties :
elles représentent des scènes relatives à l'industrie,
aux arts, à la vie civile et militaire. Parmi ces tableaux il en est qui renferment des animaux, tant
quadrupèdes qu'oiseaux et poissons, peints avec une
exactitude et un fini vraiment admirables. J'ai vu
également dans ces hypogées des colonnes canne-
lées, ayant une base arrondie. On peut les regarder
comme le type de l'ancien ordre dorique.

Nous étant rembarqués par un vent très-favorable,
nous nous décidâmes à pousser jusqu'à Melawi et à
ne voir qu'à notre retour de la Nubie la ville d'Antinoé et l'ancienne Hermopolis[1]. Je vous l'avoue, d'ail-

---

1 Aschmounen s'est élevé sur l'emplacement d'Hermopolis ;
son beau portique a été détruit il y a peu de temps, on n'en
voit plus de vestiges.

leurs, mon impatience d'arriver au fameux temple de Tentyre ne connaissait plus de bornes et ne m'aurait pas permis d'examiner avec beaucoup d'intérêt les restes d'Antinoé, ville bâtie dans le style des monumens du siècle d'Adrien. Vous n'ignorez pas que cet empereur, si distingué d'ailleurs par ses talens, avait les mœurs les plus dépravées, et qu'étant menacé par l'oracle d'un danger imminent, à moins qu'une personne qu'il chérissait et dont il était aimé, ne se sacrifiât pour lui, il accepta le dévouement du bel Antinoüs, son favori, qui alors se précipita dans le Nil; Adrien, pour en perpétuer le souvenir, fonda une ville magnifique en l'honneur d'Antinoüs, et lui fit rendre les honneurs divins : telle a été l'origine d'Antinoé. Dans les temps modernes elle a été remplacée par un couvent de derviches, connu sous le nom de *Cheyk abadeh*. Je vous en donnerai dans quelques mois la description détaillée.

Milawi est mieux bâti et plus grand encore que Minieh. J'allai faire quelques emplettes au bazar ; mais ne trouvant rien qui fût digne de fixer mon attention dans cette ville, semblable à toutes les cités modernes de l'Égypte, je continuai à remonter le courant. Le lendemain, j'entrai de bonne heure à Manfalouth, situé sur la rive occidentale, au milieu d'une verte campagne. Le pacha y a établi une grande filature de coton.

Plus on s'éloigne de Manfalouth, et plus la vallée d'Égypte se resserre. La chaîne libyque s'élève et se rapproche du fleuve; les hauteurs de Mokattam présentent des roches découvertes, nues, arides, taillées à pic, et dont la base a été minée par le Nil. Sur la cime des blocs les plus escarpés nous aperçûmes les murs blanchâtres d'un couvent copte, dans lequel on entre à l'aide d'une poulie. Cette retraite a été construite sans porte; on y pénètre par les fenêtres : tant était grande jadis la terreur que les Arabes inspiraient aux moines. Ces Arabes habitaient les nombreuses chambres funéraires des environs. La montagne s'appelle *Aboufedah*, du nom d'un saint musulman qui y a été enterré. Tandis que nous naviguions, la moitié de notre équipage était en prières : le Nil rapide et encaissé se brise avec impétuosité contre la côte, y entraîne souvent les bateaux, qui alors périssent sans espoir de salut.

On compte encore cinq lieues de Manfalouth à Syouth ou Osiut, capitale de la haute Égypte; cette ville a remplacé l'antique Lycopolis [1]. Le cours du fleuve est très-tortueux dans cet endroit; la navigation en est dangereuse. Nous nous arrêtâmes en face de la ville, bâtie à une demi-lieue dans l'intérieur des terres. Les étangs que l'on a creusés dans les environs pour faciliter les irrigations, et

---

[1] La ville du loup.

qu'alimente un grand canal, étaient pleins jusqu'aux bords; une quantité de petites barques y naviguaient. La chaîne libyque domine Syouth, qui, construite sur une hauteur artificielle, s'étendait au loin devant nous : quelques villages et un grand bosquet de palmiers et de douns (palmiers à éventail) formaient le premier plan du tableau. Des minarets élancés donnent à Syouth un air de grande ville. La journée, déjà très-avancée, ne nous permit plus de nous y rendre. Je profitai des derniers rayons du soleil pour dessiner la vue que nous découvrions vers le couchant. Je m'approchai ensuite d'un groupe d'Arabes qui prenaient leur café, assis à l'ombre de quelques douns. Nous liâmes conversation, et ils m'engagèrent fort poliment à me joindre à eux. J'acceptai; nous nous accroupîmes en rond : des femmes, probablement celles de mes hôtes, restaient debout à quelque distance du groupe des hommes, jetant de temps en temps, et bien à la dérobée, un œil d'envie sur le café et le tabac. Les Arabes refusèrent pendant long-temps de croire que j'étais Français, et mon compagnon de voyage Anglais : ils ne pouvaient penser qu'on vînt chez eux de si loin; et d'ailleurs, ajoutaient-ils, nous savons fort bien que les *Inguilis* (Anglais) n'ont ni la barbe longue, ni la tête rasée. L'un des assistans me demanda alors d'un air capable si les Français vivaient ou non à Stamboul la sainte; car quant aux Anglais, disait-il, je sais fort bien qu'ils n'ont pas de pays du tout, et qu'ils pas-sent leur vie dans des bateaux. Le voisin de l'inter-locuteur, qui avait été employé plusieurs fois par les consuls européens pour faire des fouilles à Thèbes, et se croyait par conséquent beaucoup plus instruit que ses compatriotes, prit la parole à son tour pour redresser ces opinions erronnées : il avoua qu'à la vérité les *Inguilis* vivaient en grande partie presque constamment sur des bateaux ; mais il ajouta qu'ils avaient cependant une espèce de pays où quelques-uns d'entre eux restaient pour planter et semer. Un troisième Arabe, qui pendant long-temps nous avait considérés de la tête aux pieds avec une curiosité bienveillante, se retourna de mon côté et me dit d'un ton où la pitié se mê-lait de la manière la plus comique à l'orgueil satis-fait : « Je conçois bien que les Francs viennent de « si loin dans notre pays pour le voir et trouver à « manger et à boire, puisque chez eux il n'y a que « de l'eau amère et salée. » Je lui répondis que chez nous on trouvait une quantité de sources et de rivières. « Comment, s'écria-t-il, le Nil passe « aussi chez toi ? » — Non, répliquai-je, mais nous avons d'autres bahr (fleuve, mer) qui sont absolu-ment comme le Nil et dont l'eau est bonne à boire. J'eus beau m'expliquer ; mon auditeur ne voulait pas entendre raison ; son refrain éternel était : « Vous « n'avez pas le Nil, ainsi vous n'avez pas d'eau

« douce; » et tous les assistans applaudirent à ces sages paroles. Un seul d'entre eux était resté silencieux jusque-là ; apparemment il réservait son discours pour la fin, comme étant propre à fixer invariablement les opinions. Il commença à parler en s'interrompant de temps en temps pour fumer et en pesant toutes ses paroles : il dit d'un air docte à ses amis qu'ils étaient des ignorans et ne savaient ce qu'ils avançaient; qu'en effet les pays des Francs étaient plus beaux que ceux des vrais croyans ; que les Francs eux-mêmes étaient plus riches, plus puissans, avaient plus de connaissances et d'esprit ; « mais, ajouta-t-il en parlant bas et avec mystère, « ils sont sorciers, et paieront cher après leur « mort ces funestes avantages. » Mon drogman, à qui la finale était particulièrement adressée, nous en instruisit plus tard, en riant beaucoup des préjugés de ses compatriotes.

Le jour suivant, nous partîmes dès quatre heures du matin pour la ville : on nous amena quelques belles mules pour nous y rendre; elles avaient, au lieu de selles, de petits coussins en crin sans étriers, et aussitôt que nous nous y fûmes placés, nos séis les firent partir ventre à terre, en poussant des cris forcenés. Je ne sais en vérité comment nous réussîmes à faire la course : si l'on cherchait ce qui peut le plus faciliter les chutes, on n'imaginerait, je crois, rien de mieux que ces malheureux coussins

de crin. Nous entrâmes à Syouth après avoir passé
auprès d'un vieux pont ruiné, en laissant à notre
droite de grands bâtimens, que le pacha a fait construire pour servir de casernes et y établir des fabriques. La ville est bâtie en briques de terre crue;
ses rues sont beaucoup plus étroites encore que
celles du Caire: les bazars que nous traversâmes
forment des corridors longs et resserrés, garnis des
deux côtés de misérables boutiques où l'on vend
des fruits, quelques hardes et des ustensiles de ménage. Ces bazars reçoivent le jour au moyen de petits trous pratiqués de distance en distance au haut
de toits construits en branches de palmier liées
entre elles par de la boue. Il fait assez frais au bazar,
malgré la foule qui s'y presse, et je suis encore à
me demander comment on peut se faire jour au
travers d'une telle cohue de piétons et de cavaliers,
sans qu'il arrive à chaque instant quelque accident
nouveau. Vous concevrez le dégoût que j'éprouvai
en rencontrant dans un lieu aussi public des hommes entièrement nus qui traversaient tranquillement
les rues et s'arrêtaient chez les marchands pour
acheter ou converser.

J'avais une lettre de crédit pour un riche chrétien du pays. Je me rendis au khan, où je pouvais
être sûr de le trouver. Ce khan est peu vaste, bâti
en pierres de taille et de forme carrée: le rez-de-
chaussée du bâtiment est voûté. Le sieur Giobrani

n'y, était point encore, et je me mis à causer en
attendant avec quelques voyageurs turcs, qui venaient de faire un pélerinage à la Mecque. La religion fut le sujet de notre conversation; je leur demandai pourquoi on permettait en Orient aux chrétiens d'acheter des esclaves noires, tandis qu'il leur
est défendu d'en avoir de blanches. L'un des hadgi [1]
me répondit fort poliment que c'était parce que
les créatures blanches étaient l'ouvrage de Dieu et
que les noires au contraire étaient celui du diable.
« Dieu ayant créé l'homme, me dit-il, le démon
« voulut en créer un à son tour; mais tout ce que
« touche l'esprit infernal devient noir; c'est ce qui
« arriva à son homme. Il voulut le rendre blanc
« et le tremper à cet effet dans les ondes du fleuve
« saint; cependant à son approche les eaux se re-
« tirèrent : il essaya d'y lancer sa créature, qui
« tomba à quatre pattes au bord de la rivière; c'est
« pour cela que la paume des mains et la plante
« des pieds des Nègres sont blanches. Furieux
« contre son propre ouvrage, le diable lui écrasa
« le nez. Le pauvre homme noir représenta à son
« créateur qu'il n'y avait point de sa faute en tout
« cela; et le diable, pour le consoler, le caressa
« et lui passa sa main brûlante sur les cheveux,
« qui depuis lors sont restés crépus. » Mes servi-

____

[1] Pélerins.

teurs arabes, qui étaient venus avec moi à Syouth, et parmi lesquels il y en avait de couleur très-basanée, ne me parurent pas disposés à adopter cette sublime explication.

Je terminai bientôt mes affaires, et la ville ne renfermant aucune curiosité, nous nous rendîmes aux montagnes voisines de la chaîne libyque. Il nous fallut un quart d'heure pour y arriver. Les rochers qui la composent sont creusés par une innombrable quantité de tombeaux ; ils ressemblent tous à ceux que j'avais déjà vus à Ssakarah et à Zaouyet. Ils sont plus ou moins ornés : les uns se composent d'une seule pièce; les autres en contiennent deux ou trois.[1] Les parois de ces grottes singulières sont toutes couvertes de sculptures et d'hiéroglyphes. Les ornemens y sont en général d'un fini très-précieux; et tandis que l'intérieur en est décoré avec magnificence et souvent couvert d'un beau stuc, l'extérieur ne présente à l'œil que des roches nues et crevassées; mais ces roches calcaires sont criblées de trous, qui tous indiquent une grotte sépulcrale plus ou moins étendue, et prouvent que jadis une grande ville a existé dans leur voisinage. Au sud de la montagne des tombeaux, on voit d'immenses cavités, restes des carrières d'où l'on a tiré

---

1 Ces hypogées sont décrits avec une exactitude parfaite dans le grand ouvrage de la commission d'Égypte. (Voyez les Mémoires de MM. Jollois et Devilliers.)

les pierres qui ont servi à la construction de Lycopolis; quelques siècles plus tard, les premiers anachorètes chrétiens y ont cherché une retraite. Nos
guides arabes étaient persuadés que nous visitions
ces lieux pour y chercher des trésors, et ils s'ima-
ginaient que, grâce à nos prétendues connaissances
dans la magie, nous découvririons sur-le-champ les
endroits qui en recélaient. Je fis dans l'un des tombeaux la trouvaille d'une jolie petite statue en granit
noir, très-bien conservée jusqu'aux genoux et d'un
meilleur style que ce que j'ai vu jusqu'ici en Égypte.
Je la saisis avec un vif transport de joie; mon séis
me regarda d'un air très-étonné, et demanda au
drogman pourquoi les Francs emportaient les hommes et les femmes que Dieu avait changés en pierre
pour les punir de quelque grand crime.

Nous regagnâmes notre barque. Les montagnes
rougeâtres de la côte orientale s'élevaient de plus en
plus; la scène était riche et variée. Sur la rive ouest
s'élevait Aboutygé, jolie petite ville qui occupe l'emplacement de l'ancienne Abotis. Au midi de cette
cité était le village copte de Sadfeh; d'autres bourgades se succédaient à petites distances. Sur le rivage opposé nous apercevions Selin et Qaou-el-
Kebyr, connus dans l'antiquité sous les noms de
Selinon et d'Anatæopolis. [1]

---

1 Le temple d'Anatæopolis a été englouti par le Nil; il
n'en reste aucun vestige.

Nous venions de passer devant Tahtah, lorsqu'un vent furieux s'éleva : nous avions devant nous l'énorme rocher appelé *Djebel cheykh-el-harydy*, dont le passage est dangereux. Notre reiss ne voulut pas l'entreprendre; nous nous arrêtâmes dans une petite baie, derrière laquelle s'étendait une belle pelouse : plus loin étaient des champs bien cultivés, couverts de cotonniers, de cannes à sucre et de maïs; de distance en distance l'on voyait quelques villages bâtis au milieu des bois. Nous étions à peine arrivés, lorsqu'une grande mache, venant de la Nubie et chargée d'esclaves, se joignit à nous. L'ouragan finit avec la journée : je sortis de la cange pour me promener. Une quantité de gerboises couraient dans l'herbe, en faisant les sauts et les bonds les plus singuliers. Un calme parfait avait succédé à la tourmente; une fraîcheur délicieuse s'était répandue sur la contrée : la lune brillait de tout son éclat et se réfléchissait dans les eaux du Nil, que ridait une brise légère. La douce clarté de la nuit faisait disparaître ce que la forme des arbres, des montagnes et des plantes pouvait avoir d'étranger pour moi; je ne saisissais plus que les grandes masses de la nature. Je marchais seul sur l'herbe touffue d'une prairie : aucun habitant du pays ne se montrait à mes yeux, et la contrée entière semblait ensevelie dans un profond repos : je me laissais aller à la plus douce rêverie; pendant un instant mon imagination me faisait errer sur les rives du Rhin. Je m'approchai machinalement d'un groupe de jeunes douns, contre lequel j'allai frapper avec ma baguette : dès-lors l'illusion fut détruite; j'entendis un bruit sourd et j'aperçus une grande hyène, dont j'avais dérangé le sommeil, et qui fuyait vers un champ voisin de dourrah.

Je suis, etc.

LETTRE XLI.

Du Nil.

Le jour suivant, nous arrivâmes de bonne heure
à El Akhmym, bâtie sur l'emplacement de la cité
antique nommée Panopolis[1] par les anciens auteurs,
et adossée, du côté de l'est, contre une chaîne de
rochers élevés. Les maisons de cette ville sont semblables à celles de Syouth; mais ses rues sont mieux
alignées et plus larges, et en général son aspect est
agréable: une partie de sa population est copte. Le
couvent de la Propagande, jadis habité par des
moines de l'ordre de Saint-François, était abandonné
au moment de notre passage. Hors de l'enceinte de
la ville actuelle, dans la direction nord, on aperçoit quelques gros quartiers de pierre informes
et à moitié enterrés, qui ont fait partie des monumens de l'antique Panopolis. Plusieurs de ces
pierres sont couvertes d'hiéroglyphes. On m'avait
assuré que, parmi ces débris, je verrais une masse

---

[1] La ville de Pan.

sculptée, et sur laquelle se trouvaient les douze signes du zodiaque. Mes recherches à ce sujet ont été infructueuses. Les colonnes des temples ont été converties en meules de moulin, ou employées à la construction de diverses mosquées. En revanche j'ai été charmé de la fertilité de la plaine qui entoure la ville : on peut comparer cette campagne aux environs de Tahtah. Vis-à-vis d'El Akhmym se trouve le bourg de Souagyeh, où est enterré le fameux Mourad Bey, et à l'ouest duquel sont deux couvens coptes, bâtis par sainte Hélène à l'entrée du désert, connus sous les noms de *monastère blanc* et de *monastère rouge*, et dévastés par les Mamelouks durant le séjour des Français en Égypte.

Notre cange s'arrêta pendant un moment au pied d'un cap considérable que forme la chaîne de Mokattam, et auquel les gens de l'équipage donnaient le nom de *Djebel-el-Asserat.* D'énormes roches descendent à pic dans le fleuve; l'imagination se plaît à y découvrir les figures les plus variées. La campagne étant très-basse sur la rive occidentale, toute la contrée était sous eau. Une pelouse de verdure un peu élevée formait une longue île, qu'animaient les hôtes les plus singuliers. D'immenses troupeaux de hérons, d'oies sauvages, de faucons, de pélicans et de demoiselles de Numidie, s'envolèrent à tire d'aile à notre approche : quelques crocodiles, qui se chauffaient au soleil, nous regardèrent en nous laissant voir la formidable rangée de dents dont leur gueule hideuse est armée, et se plongèrent dans le fleuve : en une minute tout avait disparu. A un quart de lieue de cette île, nous abordâmes auprès d'un village dont les maisons, rondes, bâties en terre et en paille, s'élevaient à peine à hauteur d'appui ; leur diamètre est au plus de dix à douze pieds. On fut obligé de nous y conduire pour nous prouver qu'il était habité ; à dix pas nous en doutions encore. Enfin notre incrédulité cessa, lorsque nous arrivâmes à l'entrée d'un de ces réduits infects qui servait de demeure à des créatures humaines et où une troupe d'enfans basanés étaient assis, suçant des cannes à sucre.

Nous nous arrêtâmes à Menchyeh, gros bourg, où se tient un marché. Nous savions qu'il avait été construit sur l'emplacement de Ptolémaïs, cité fameuse, qui dans l'antiquité fut comparée à Memphis. Quelques pierres brisées et les débris d'un quai sont tout ce qui en reste.

Bientôt nous arrivâmes à Girgeh ou Djirgé, la plus grande ville de la haute Égypte après Syouth. Un couvent consacré à S. George lui a fait donner son nom. Cette ville, très-longue et située auprès d'un territoire fertile, est moderne et très-mal construite. Le Nil, qui ronge les hauteurs sur lesquelles elle a été élevée, en engloutit annuellement une portion considérable.

Nous avions des lettres à remettre au père Ladislas, supérieur du couvent de la Propagande : je m'y rendis sur-le-champ. Il me fallut traverser d'abord le quartier des courtisanes, situé auprès du lieu du débarquement. Ces malheureuses, laides pour la plupart, d'une effronterie révoltante et vêtues de misérables haillons, habitent des huttes semblables à celles que j'avais vues dans la matinée : les scènes les plus dégoûtantes se présentent à chaque pas dans ce lieu infame. Je longeai le Nil sur une corniche en terre fort élevée, minée en dessous et tellement étroite, qu'à chaque instant on risque de tomber dans le fleuve. Après avoir marché de la sorte pendant dix minutes, j'entrai dans des rues larges de trois ou quatre pieds au plus, sombres, tortueuses, sur les deux côtés desquelles s'élèvent des maisons sans fenêtres, bâties en terre. Les habitans étaient déjà rentrés chez eux ; mais les chiens jappaient à notre passage ; et, communiquant l'alarme à leurs voisins, la gent canine du lieu fut en un instant sur nos talons. Nous arrivâmes au couvent, poursuivis de la sorte. On nous en ouvrit la porte après nous avoir bien examinés par le guichet et nous avoir demandé vingt fois au moins ce que nous venions chercher à pareille heure. Le père Ladislas habite le monastère avec quelques serviteurs. Le bâtiment est assez vaste : on nous fit traverser un labyrinthe de petits corridors, de couloirs, de cabinets, d'escaliers étroits, pour nous mener à une chambre basse et nous montrer quelques tableaux hiéroglyphiques trouvés à Abydos. La description que le moine nous fit de ce lieu, où se célébraient jadis les plus grands mystères de la religion égyptienne, m'inspira la résolution de m'y rendre dès le lendemain. Cette ville, que Strabon dit avoir été la seconde de la Thébaïde, quoique de son temps elle ne fût plus qu'une bourgade, était bâtie à trois lieues du Nil, au pied des montagnes libyques et à la lisière du désert. Nous quittâmes Girgeh de très-grand matin pour nous y rendre, en nous dirigeant vers le sud-ouest et en suivant la route qui mène à la grande oasis d'El Ouah-el-Kebyr. Après avoir marché pendant quatre heures, nous arrivâmes à l'emplacement des ruines; elles sont presque entièrement ensablées : quelques palmiers et les deux villages d'El Kherbeh et d'El Araba coupent la monotonie du paysage.

Nous traversâmes d'abord El Kherbeh, où commencent les décombres; ils se prolongent jusqu'à la bourgade suivante. Au milieu de grandes masses informes, on voit un pilier en granit rouge, encore debout, qui sans doute a fait partie d'une porte. Ces pierres amoncelées sont regardées comme les restes du temple d'Osiris. Un sable d'une couleur jaune clair les couvre. Le chétif village d'El Araba forme deux hameaux, dont le point central est occupé par

une éminence. A l'extrémité sud de cette colline
sont les restes du palais de Memnon, dont Strabon vante la magnificence. Il porte aujourd'hui le
nom de *Madfouneh* (enseveli), et était construit
partie en pierre calcaire blanche, partie en grès.
A l'extérieur, l'édifice est presque entièrement encombré ; ses deux extrémités sont très-détériorées :
mais son enceinte renferme encore douze pièces
obscures, ornées de sculptures peintes, dont les
couleurs sont admirablement conservées ; on n'en
voit que la portion supérieure : le reste est ensablé. Au sud - ouest de l'édifice on aperçoit des
arcades voûtées ; leurs voûtes n'ont aucun rapport avec celles des constructions plus modernes :
ce sont des assises horizontales dans lesquelles on
a creusé le cintre. Deux portiques menaient à
ce palais; l'un était de vingt - quatre, l'autre de
trente-six colonnes. Ce qui en subsiste encore est
orné d'hiéroglyphes, et les chapiteaux sont for-
més de côtes. Les plafonds sont en général peints
en bleu, avec des étoiles d'un jaune foncé, ou
couverts de sculptures et de peintures à fresque ;
les ornemens sont ménagés et de très-bon goût :
une symétrie, une harmonie parfaite a dû régner
dans la distribution des différentes parties dont se
composait cet édifice, malgré la diversité qui se
trouve quelquefois dans ses proportions.

Les bas-reliefs qui ornent les murailles forment

de grands tableaux encadrés, où sont deux ou trois personnages vus de profil et des lignes d'hiéroglyphes.

Au sud et à l'est du palais on voit encore beaucoup de fragmens et un mur ruiné bâti en briques : ces derniers vestiges se perdent peu à peu dans la plaine de sable qui s'étend jusqu'aux montagnes. La chaîne libyque elle-même est percée de tombeaux semblables à ceux qu'on rencontre aux environs de Syouth. C'est là qu'on a fait récemment des fouilles très-productives : on a détaché des parois du rocher de très-beaux tableaux hiéroglyphiés. Le sol environnant est jonché de débris de momies. Plus loin encore on aperçoit les restes d'une immense enceinte double, bâtie en briques crues. Notre guide nous assura qu'un monastère avait existé jadis sur cet emplacement, et lui donna le nom de *Chounet-el-Zebyb*. Un autre couvent chrétien inhabité est à environ quatre cents pas de ce point.

Tel est aujourd'hui Abydos. Ces ruines, les premières que j'aie vues dans ce pays (car les pyramides sont d'un genre trop différent pour pouvoir être classées dans la même catégorie), m'ont fait connaître ce qu'était l'architecture des Égyptiens. Elles donnent une haute idée de la perfection que cet art devait avoir atteint dans cette contrée célèbre. Rien d'un aussi grand caractère n'a été exécuté ni même inventé, depuis que cette nation a disparu du globe. Cependant, vous l'avouerai-je, mon premier sentiment, en arrivant à Abydos, a été le désappointement : je venais de lire par hasard la pompeuse description qu'en fait Savary ; je m'attendais à voir un monument respecté par les siècles. La première impression a été défavorable ; je n'ai rien vu de ce que je croyais trouver : mais ensuite, lorsque je considérai plus attentivement la perfection de la construction, la beauté, la noble simplicité des lignes principales, la richesse des ornemens, qui cependant ne nuit point à l'effet de l'ensemble, cette première impression fit place à l'admiration la plus profonde et la mieux sentie.

De retour à Girgeh, je parlai avec enthousiasme d'Abydos ; la vivacité de mes expressions fit sourire le père Ladislas. « Vous n'avez rien vu encore, me « dit-il ; d'ici à deux jours vous arriverez à Den- « derah, et si vous êtes ami des arts, vous y « éprouverez de bien plus vives jouissances. »

La vallée du Nil s'élargit à plusieurs reprises au-delà de Girgeh. Les palmiers douns forment des bosquets touffus, et leur feuillage, de couleur sombre, se marie aux branches élégantes et argentées du dattier : la plaine est en général très-bien cultivée, surtout aux environs de Farchout, dont le territoire est couvert de plantations de cannes à sucre. Nous laissâmes, avant d'y arriver, plusieurs villages sur les deux rives. Au midi de Farchout on aperçoit sur une éminence le bourg de Hou, bâti sur l'emplacement de *Diospolis parva*. Sa situation est exactement celle que Strabon et Ptolémée assignent à la petite ville de Jupiter, sur une hauteur, entre Abydos et Tentyre. Nous nous y rendîmes dans l'espoir d'y découvrir quelques traces de ce qu'elle a été; mais l'intérieur de Hou ne nous présenta que l'aspect d'une assez pauvre bourgade moderne.

Le fleuve se resserre de nouveau à la hauteur de Hou; il est encaissé par les deux promontoires de Djebel-el-Schour et de Djebel-el-Sié, qui sont à peu de distance l'un de l'autre. Notre reiss nous assura que le Nil y était aussi profond et aussi dangereux qu'au pied de la montagne d'Aboufedah. Nous les avions à peine dépassés depuis deux heures, lorsque le brûlant kamsin commença à souffler; une chaleur épouvantable et semblable à celle qui sortirait d'une fournaise, paraissait devoir tout consumer; des trombes d'une poussière fine et blanche s'élevaient en tourbillonnant. Nous nous arrêtâmes auprès d'une forêt de douns, sur la rive orientale et presque en face de Denderah, à peu de distance de Qéneh, bourg peu considérable, jadis florissant sous le nom de *Cenœ* ou *Cœnopolis*. Les caravanes y passent pour se rendre à Cosseir, sur la mer Rouge. Nous quittâmes notre cange à l'approche de la nuit, lorsque la tourmente se fut calmée. Quelques Arabes allumèrent un grand feu de paille de dourah au milieu des bois; les arbres furent éclairés d'une manière tout-à-fait magique. Nous nous promenions encore, lorsqu'une grande dispute survenue entre nos matelots nous obligea de regagner la barque. Passant subitement de la tranquillité à la fureur, ils semblaient prêts à en venir aux voies de fait; nous eûmes beaucoup de peine à rétablir la paix : dix fois nous pensions y avoir réussi; mais alors un mot ramenait un torrent d'invectives : enfin lord Brabazon calma l'orage, en faisant sortir de la cange le plus récalcitrant, et en lui défendant d'y jamais remettre les pieds.

Je suis, etc.

LETTRE XLII.

Du Nil.

Enfin, mon cher ami, j'ai vu cette merveilleuse Tentyre; j'ai parcouru ses édifices, ses portiques, ses temples. Que ne puis-je vous faire partager l'émotion délicieuse et profonde dont je suis encore pénétré! Que ne puis-je faire passer sous vos yeux l'imposante immensité des monumens que je viens de voir!

Je vous ai écrit ma dernière lettre assis au pied d'un groupe de douns, en face de Denderah. Le jour suivant, nous croisâmes le Nil de bonne heure et nous mîmes pied à terre auprès de ce village; son nom moderne rappelle celui de Tentyre. Les palmiers et les sunts qui l'environnent lui donnent un aspect riant. Du reste cette bourgade est peu étendue, pauvre et composée de misérables cahutes bâties en terre. Nous n'y restâmes que le temps nécessaire pour acheter quelques provisions et nous procurer des montures; et aussitôt nous prîmes le chemin des ruines. Elles sont à une lieue au sud-ouest du village, dans l'intérieur des terres. Ayant traversé la forêt, nous aperçûmes le temple à quelque distance : nous vîmes d'abord à la gauche de notre chemin six colonnes d'un assez mauvais style, qui ont appartenu à un ancien édifice. Après avoir fait une foule de détours, auxquels nous obligèrent les inondations du Nil, nous arrivâmes aux propylies du grand temple. Une porte construite en énormes masses de couleur rougeâtre, s'élève au milieu des décombres : elle est de forme pyramidale, très-mutilée d'un côté, parfaitement conservée de l'autre ; des figures symboliques et des hiéroglyphes couvrent ses faces : un globe ailé plane sur sa large corniche. Je traversai cette magnifique porte, et je me trouvai en face de la construction principale. J'essaierais en vain de vous faire comprendre les sensations que j'éprouvai dans ce moment; ce que j'avais sous les yeux surpassait l'idée que mon imagination s'en était faite. Muet d'étonnement et d'admiration, je m'assis sur un bloc de pierre en face du portique; j'oubliai l'univers entier, et je m'abîmai dans la contemplation. Lorsque, revenu à moi-même, je pus enfin me livrer à l'examen des détails, je découvris partout les proportions les plus parfaites, des lignes simples et graves jusqu'au sublime. Les bas-reliefs, les hiéroglyphes, les inscriptions et les ornemens si multipliés, ne nuisent point à la masse sévère de l'ensemble : ils disparaissent dans l'immensité de l'édifice, pour ne laisser voir que de grandes lignes. La forme pyramidale, qui se retrouve dans tous les ouvrages égyptiens, leur donne une solidité qui semble indestructible et une incomparable majesté. [1]

1 Ce temple, résultat des études d'une multitude de siècles, est, après les pyramides, le premier grand monument que l'on rencontre en remontant le Nil : Denon le nomme le sanctuaire des arts et des sciences. L'édifice, bâti en pierre de grès, est orné d'une corniche et d'une frise couverte de sculptures et d'hiéroglyphes ; le globe ailé en occupe le centre. Les deux côtés du péristyle sont couverts, tant à l'intérieur qu'à l'extérieur, de bas-reliefs représentant des sacrifices, des cérémonies religieuses ; partout la divinité y est représentée par les emblêmes de ses qualités.

Les colonnes de ce portique sont au nombre de vingt-quatre, partagées en quatre rangées de six colonnes chacune : les six premières, placées de front, sont engagées dans des murs d'entre-colonnement. L'espace ouvert qui sépare celles du milieu est double de celui des autres. Les chapiteaux sont de forme carrée ; sur les quatre faces du dé se trouve un masque avec des oreilles de vache. Ces têtes sont fort mutilées ; celles du premier rang ont toutes le nez cassé, et cependant elles ont conservé une expression noble, tranquille et douce ; au-dessus des têtes, le chapiteau, qui s'amincit, est encore couvert de bas-reliefs représentant des temples et des figures symboliques. Les fûts sont divisés en anneaux où sont représentés des sujets religieux. Des sculptures, qui sont toutes très-noircies, enrichissent les plafonds ; on y voit le zodiaque, que deux grandes figures de femmes tiennent embrassé. Les murailles sont divisées en quatre rangées de compartimens carrés, semblables, quant à l'arrangement, aux diverses cases

Que n'ai-je pu lire tout ce qui se trouve écrit sur les murs de cet admirable monument ! Que n'ai-je

***

d'un échiquier; chacun de ces compartimens renferme un bas-relief consacré à un sujet religieux et quelques colonnes d'hiéroglyphes, qui sans doute contiennent la description de ce que représente le tableau. Toutes les sculptures étaient peintes; les couleurs existent encore en partie et ont conservé un éclat et une fraîcheur extraordinaires. Dans les tableaux inférieurs les personnages sont de taille colossale. Plus j'avançais dans mon examen, plus la masse des détails m'effrayait; je ne savais ce que je devais dessiner d'abord; de quelque côté que se portassent mes regards, ils ne rencontraient que des objets remarquables. Je voyais des divinités, des hommes, des animaux, des plantes, des cérémonies religieuses et champêtres: la situation solitaire du monument, qui est placé à l'entrée du désert, lui prête encore un charme de plus.

Il me serait impossible de donner la description exacte des bas-reliefs qui décorent les ruines de Tentyre; une tâche semblable, qui m'obligerait de séjourner ici durant plusieurs mois, m'entraînerait bien au-delà du temps que je puis donner à ce voyage. D'ailleurs, l'examen détaillé des monumens de l'Égypte a été et est encore l'objet du travail de savans qui consacrent leur existence à ces recherches intéressantes. Je dois vous dire cependant que, si l'architecture du temple est sublime, les sculptures et les ornemens de détail sont d'un assez mauvais style et semblent prouver qu'ils datent d'un temps de décadence. Plusieurs antiquaires regardent le grand temple de Tentyre comme consacré à la déesse Athor (Vénus), et sont ainsi d'une opinion différente de celle de la commission d'Égypte, qui le croyait dédié à Isis.

Quittons le portique du temple : la première pièce dans laquelle on entre est très-encombrée, et soutenue par six copu y faire revivre pour un instant les anciens Égyptiens, et assister à leur culte et à leurs pompeux

---

lonnes, placées sur deux rangées et pareilles aux précédentes, à la différence près, qu'au-dessous des chapiteaux est une raie cannelée, large de deux pieds environ, et soutenue par d'élégantes feuilles de lotus. Le plafond est divisé en deux portions égales par une raie qui le traverse dans toute sa longueur; elle forme de petits compartimens carrés, qui contiennent alternativement un globe ailé ou un vautour. Les deux pièces suivantes sont sans colonnes, mais également décorées de sculptures; leurs plafonds ont toujours les vautours et les globes ailés au centre, et des deux côtés des étoiles qui, réunies, dessinent une espèce de treillage. Des trous carrés, pratiqués dans les murs à une hauteur considérable, éclairent ces vastes salles : une complète obscurité règne dans le sanctuaire; mais à la clarté de quelques torches nous examinâmes les bas-reliefs dont ses murs sont couverts. Une petite porte, pratiquée auprès de l'un des angles de la pièce, conduit à un escalier bien conservé, au moyen duquel on parvient au faîte du temple, où sont encore plusieurs petits appartemens ornés de bas-reliefs : dans l'un d'eux, un plafond, dépouillé aujourd'hui, indique la place où existait le zodiaque qui a été récemment transporté à Paris. Les Arabes modernes avaient bâti un village sur l'énorme terrasse qui servait de toit à l'édifice, triste image de l'ignorance qui règne aujourd'hui dans un pays où les arts atteignirent un si haut degré de perfection. Aujourd'hui ce hameau est ruiné et inhabité; au fond de la terrasse est un petit péristyle carré, composé de douze colonnes, engagées dans des portes et des murailles d'entre-colonnement, et couvertes d'hiéroglyphes; l'entablement de ce monument arrive au niveau du mur extérieur du temple. Nous redescendîmes de là à six petites pièces laté-

sacrifices ! Les journées que j'ai passées à Tentyre ne s'effaceront jamais de ma mémoire. Quand on

rales obscures, que nous n'avions point encore visitées ; une odeur infecte et des nuées de chauve-souris m'empêchèrent de m'y arrêter long-temps.

L'extérieur du temple est aussi orné que le sanctuaire lui-même ; les figures des bas-reliefs y sont en général plus grandes qu'à l'intérieur : de distance en distance un lion s'avance en saillie. La frise et la corniche sont décorées de figures symboliques. Du côté de l'est, l'édifice est encombré jusqu'à la hauteur de la corniche.

Derrière le monument est un édifice antique, entièrement isolé, de forme carrée et entouré de débris de murailles modernes. Il ne renferme que quatre pièces, dont la première semblait destinée à servir de vestibule aux trois autres, qui se composent de deux couloirs étroits et d'une assez grande salle, dont le fond est occupé par une niche, où étaient des statues, très-mutilées aujourd'hui ; on ne reconnaît plus que celle de Horus enfant, placé devant une autre figure presque entièrement brisée. Ce petit monument, qui a environ trente-trois pieds en tout sens, est couvert de sculptures et d'ornemens aussi variés que ceux du grand temple. On y retrouve constamment la déesse Isis, à laquelle il paraît avoir été consacré. En face de l'édifice dont je viens de vous parler, est une porte semblable à celle par laquelle on passe pour arriver aux ruines : des décombres l'obstruent, et l'on ne peut en voir l'ensemble.

Retournons vers l'entrée principale : à quarante pas de la porte du nord, à sa gauche, en venant du grand temple, s'élève le Typhonium ; malheureusement il est difficile d'en saisir l'ensemble : il est en quelque sorte enfoui dans les ruines. Une galerie de neuf colonnes sur les deux côtés et de quatre

a vu ce monument, plus merveilleux que les pyramides elles-mêmes, on a oublié toutes les fatigues
d'un long voyage.

Plus on s'éloigne de Denderah, et plus la nature
s'embellit : de toutes parts s'étendent de grands villages, des forêts de douns, des champs cultivés et
des prairies qu'animent de grands troupeaux de
buffles. Le fond du paysage est toujours occupé
par la chaîne de Mokattam. Ses roches dentelées
contrastent avec la fertilité qui règne sur les rivages
du fleuve, et donnent à la contrée un aspect enchanteur. Nous nous arrêtâmes à Qoft (ou Keft,
ou Qobd), village bâti dans l'intérieur des terres,
sur la rive orientale du Nil, auprès de l'emplace-

à la partie postérieure l'entoure ; les chapiteaux de ces colonnes sont en feuilles de lotus et soutiennent des dés sur
les quatre faces desquels est représenté le hideux Typhon ;
au-dessus des chapiteaux se trouvent une architrave et une
corniche. La première est décorée d'un bas-relief, représentant le triomphe d'Horus, le génie du bien, sur Typhon, le
génie du mal ; ce bas-relief se répète de manière à former un
ornement régulier tout à l'entour du temple. On pénètre dans
son intérieur par une porte surmontée d'une corniche dont
le globe ailé occupe le centre. La première pièce n'est point
couverte ; à sa droite on voit un escalier très-facile ; à sa
gauche sont deux petites chambres fort obscures et entièrement dépourvues d'ornemens. Derrière la première salle il en
est une seconde, plus longue que large ; ces deux pièces
sont couvertes de bas-reliefs représentant des sacrifices et des
offrandes ; les plafonds de la dernière sont ornés d'une suite

ment de l'ancienne Cophtos. Cette ville faisait un grand commerce avec la mer Rouge, à laquelle elle communiquait au moyen d'une route construite par Ptolémée Philadelphe, et dont parle Strabon. Dioclétien fit ravager Cophtos, pour punir ses habitans d'avoir embrassé le christianisme ; ils sont les ancêtres des Coptes modernes. Les temples de Keft ayant été détruits par les chrétiens, on n'y voit plus rien d'entier ; mais on aperçoit des fragmens égyptiens dans les ruines d'une église construite avec des matériaux antiques. Au midi de Qoft se trouve Qous, jadis nommée *Apollinopolis parva*. Après le désastre de Cophtos, elle s'enrichit du commerce des Indes. Florissante encore pendant

---

de globes ailés : vient ensuite le sanctuaire, également décoré ; il est entouré d'un couloir étroit et très-encombré. Le plafond du sanctuaire est peint et fort bien conservé ; des étoiles jaunes s'y détachent sur un fond bleu. La raie centrale est occupée par des éperviers à ailes déployées. Le fond de ce lieu forme une niche ; cinq compartimens de bas-reliefs d'égale hauteur entre eux couvrent ses parois. La figure de Typhon se répète fort souvent dans cet édifice ; il y est toujours dépeint de la manière la plus grotesque ; du reste les sculptures qui le décorent paraissent relatives à la naissance et au développement du dieu Horus : on l'y a représenté dans toutes les périodes de la vie, depuis le moment où il reçoit l'être, jusqu'à ce qu'il ait atteint l'âge de la virilité. L'image d'Horus allaité par sa mère y est très-souvent répétée ; on y voit également ment d'autres femmes allaitant des enfans ou les conduisant par la main.

la domination des Arabes, elle a éprouvé depuis le sort de Qôft, et ne présente plus actuellement qu'un misérable assemblage de chaumières égyptiennes. Le haut d'un propylon à moitié enfoui est le seul de ses monumens antiques qui existe encore : on y remarque des sculptures ; le dieu Aroëris est représenté sur toutes ses faces. Nous passâmes également devant les villages de Nagadah et de Gamoule, où le pacha a fait établir une grande raffinerie de sucre.

Le Nil, qui, depuis quelques jours déjà, nous offrait l'apparence d'une succession continuelle de beaux lacs, prend surtout cet aspect lorsqu'on approche de Thèbes. Ici les chaînes de Mokattam et de Libye sont admirables. Une description pourrait difficilement vous donner une idée juste de la variété de leurs formes et de leur coloris. Nous eûmes malheureusement plus de loisir que nous ne l'eussions désiré pour contempler le superbe amphithéâtre qui s'élevait devant nous : notre cange s'ensabla sur un écueil caché ; nous réussîmes à la remettre à flot, après nous être tous jetés dans le fleuve et avoir travaillé pendant plus de deux heures.

Enfin nous venons de doubler le cap qui dérobait à notre vue la fameuse ville aux cent portes, et au moment où je vous écris, je la découvre tout entière dans l'éloignement. Ses ruines s'étendent sur les deux rives du Nil, adossées d'une part à la chaîne libyque, de l'autre, à celle de Mokattam : tout ce que je vois est colossal, et je juge déjà que Thèbes a été aussi vaste que la renommée l'a publié.

Je suis, etc.

LETTRE XLIII.

Ruines de Thèbes.

Je vous ai dit, dans ma lettre précédente, que les ruines de Thèbes couvrent les deux rives du Nil. A l'orient on voit les édifices de Karnak et de Louqsor. Du côté de l'occident se trouvent le temple et les tombeaux de Qournah, les colosses et le temple dits de Memnon, enfin, les ruines de Médinet-Abou, les plus méridionales des trois. Sur cette même rive une vallée des montagnes libyques, connue sous le nom de *Biban-el-Molouk*, renferme les fameux tombeaux des rois.

Nous abordâmes non loin de Karnak, misérable village bâti dans une petite partie de l'enceinte du palais antique. Les ruines de Karnak, les plus colossales qui existent sur le globe, ont une lieue de tour. En y arrivant, on se croit transporté dans une ville construite par une race de géans. La destruction y a fait plus de progrès qu'à Denderah ; mais l'immensité de l'édifice lui imprime un caractère sublime; on n'en approche qu'avec une sorte d'effroi religieux. Oui, mon cher ami, je vous le répète avec une profonde conviction, quoique les nations modernes aient répudié l'architecture égyptienne, cette architecture, depuis surtout que j'ai vu les ruines de Thèbes, me paraît être ce que le génie de l'homme a produit de plus noble, de plus imposant et de plus sublime; et, dans la durée des trente siècles qui la séparent du nôtre, je ne vois aucun monument qu'on puisse comparer à ceux que j'ai maintenant sous les yeux.

Le plan du palais de Karnak est noble et grand : ses immenses portiques, ses longues avenues de sphinx et de colonnes, sont le véritable type de la magnificence pharaonique; en les examinant on court de merveille en merveille. L'édifice est entièrement couvert de sculptures, qui sont beaucoup plus belles que je ne m'attendais à les trouver. On y voit représentés la plupart des anciens Pharaons et les actions guerrières par lesquelles ils se sont illustrés. Des constructions de toutes les époques entourent ce magnifique palais, et sont comprises dans son enceinte générale.

Je ne tenterai pas de vous décrire Karnak avec détail; la pensée seule d'une telle entreprise suffit pour effrayer mon imagination : plusieurs voyageurs l'ont essayé, plusieurs artistes en ont fait des dessins; mais, malgré leur talent, ces ouvrages ne

donnent qu'une faible idée de la réalité : la peinture, qui agrandit les petits objets, rapetisse ce qui est gigantesque : elle donne des souvenirs à ceux qui ont vu ; mais quant aux autres, elle ne peut les faire juger de ce qui est. [1]

---

1 Le palais de Karnak a trois entrées au Sud, trois au Nord, une à l'Est et une à l'Ouest : des allées de sphinx, de taille colossale, les précédaient. Nous arrivâmes par la dernière à une grande porte presque détruite et flanquée de deux môles énormes. J'y remarquai l'inscription qu'ont gravée les Français membres de la commission des sciences et arts, et qui indique les longitudes et latitudes des principales villes antiques de la haute Égypte. Le pylone ne paraît pas avoir été achevé ; il a cent trente-quatre pieds de haut et est entièrement nu, sans aucun ornement ; des fenêtres carrées le traversent de part en part : on peut monter à son sommet au moyen d'un escalier pratiqué dans le massif du Sud ; on parvient assez difficilement à cet escalier, en franchissant les murailles ; il conduit à quelques petites pièces obscures.

Le pylone ferme du côté de l'Ouest une grande cour carrée ; elle est fermée à l'Est par un autre pylone, entièrement ruiné ; au Nord et au Sud des colonnades lui servent de limites.

La galerie du Nord a dix-huit colonnes, sur les chapiteaux desquelles reposent une architrave et une corniche qui sont entièrement dépourvues d'ornemens.

La galerie du Sud, qui n'est guère plus terminée, est moins régulière que la précédente ; un petit édifice, qui s'avance dans la cour, l'interrompt à peu près à la moitié de sa longueur.

Une porte, accompagnée de deux môles très-détériorés et peu élevés, sert d'entrée à l'édifice dont je viens de vous parler ; sur les môles, à côté de la porte, sont des figures gigantesques, tenant par les cheveux un grand nombre d'en-

Nous nous sommes établis au milieu des ruines. Une petite cellule du grand pylone de l'ouest nous

---

nemis vaincus et semblant prêtes à les assommer de la massue dont elles sont armées.

Ce petit temple s'étend du Nord au Sud. J'entrai d'abord dans une cour très-encombrée et entourée de galeries : celles des deux côtés sont formées par des piliers carrés, contre lesquels sont adossées des statues qui se terminent en gaîne et ont les bras croisés sur la poitrine ; celle du fond est formée par des piliers semblables, derrière lesquels sont quatre colonnes dont les chapiteaux représentent des boutons de lotus tronqués. Après ces colonnes vient un mur, au centre duquel se trouve la porte qui conduit au second péristyle ; deux rangées de quatre colonnes, semblables à celles du premier portique, en soutiennent le plafond ; il est éclairé faiblement par quelques soupiraux. Au fond de cette pièce est une porte surmontée d'une double corniche, et qui conduit à un sanctuaire très-obscur, aux deux côtés duquel sont des couloirs. Ce temple est couvert de sculptures, dont les dimensions sont généralement colossales.

Retournons sur nos pas et rentrons dans la cour dont je vous ai parlé d'abord ; nous y voyons une colonne debout et presque entièrement dégagée jusqu'à sa base. Elle a plus de soixante pieds d'élévation et reste seule de deux files de six colonnes qui formaient une avenue, et dont les énormes débris jonchent la terre. Elle est de la plus belle proportion et couverte de sculptures ; son chapiteau représente une fleur de lotus épanouie, au-dessus de laquelle est un dé richement hiéroglyphié.

Après avoir dessiné cette colonne isolée, je m'avançai lentement vers le pylone détruit de l'Est ; il me semblait moins voir une ruine, que des matériaux destinés à la construction

sert de chambre à coucher. Je passe mes journées
à écrire et à dessiner : dans mes courses solitaires,

---

d'un monument qui commence à s'élever ; malgré les siècles, ce
qui reste encore debout paraît une création nouvelle : on n'y
voit point les tours noirâtres des ruines de nos climats ; des
lianes et des plantes n'y attestent pas la dégradation et l'aban-
don, comme dans les latitudes plus septentrionales. Deux colosses de vingt pieds d'élévation, et représentés dans l'attitude
de personnes qui marchent, étaient placés devant cette seconde
porte. Celui du Sud est encore debout, mais les bras et la
tête en sont cassés ; l'autre est brisé entièrement et enseveli
sous des monceaux de débris ; un corridor très-large, et dont
les murs sont couverts de bas-reliefs religieux, mène à la porte
du pylone : elle est fort détériorée, s'élève à une hauteur de
plus de soixante pieds, et conduit à une salle dont cent trente-
quatre colonnes colossales soutenaient les plafonds. Les paroles
manquent pour décrire l'impression que produit sur le voyageur ce qu'il aperçoit en ce moment. Il n'ose, en exprimant
ce qu'il sent, interrompre un silence qui semble en quelque
sorte agrandir l'immensité de l'édifice qu'il a sous les yeux.
Cette salle hypostyle forme un rectangle dont la longueur est
de cent mètres et la largeur de cinquante mètres. Elle se divise
en trois parties : les deux portions latérales sont égales entre
elles ; celle du milieu présente une avenue et contient deux
rangées de six colonnes plus grosses et plus élevées que les
autres. Figurez-vous des colonnes de soixante-cinq pieds de
hauteur et de plus de trente de circonférence, couvertes de
sculptures peintes, dont les couleurs sont merveilleusement
conservées ; songez à leur antiquité, aux souvenirs historiques
qu'elles réveillent, et vous concevrez sans peine tout ce que
leur vue me fit éprouver. Leurs chapiteaux ont la figure de
fleurs de lotus épanouies. Les deux autres portions de la salle

il m'arrive souvent de faire fuir quelques chakals,
habitant comme moi ce magique séjour. Il m'at-

---

contiennent chacune une rangée de sept colonnes et six autres
rangées de neuf colonnes, dont la hauteur est de quarante
pieds et le tour de vingt-six : elles sont couvertes d'ornemens
sculptés et peints ; leurs chapiteaux imitent des boutons de
lotus tronqués. Au-dessus de leurs corniches s'élèvent des
montans qui atteignent la hauteur de l'architrave des grandes
colonnes, et qui permettaient d'établir un plafond dont le
niveau fût partout le même. Des murs de clôture également
hiéroglyphiés et décorés de sculptures, mais en partie très-
détériorés, entourent la salle et sont percés de portes qui
correspondent à l'entre-colonnement de la grande avenue
centrale.

En sortant de la salle hypostyle, on voit un obélisque en
granit rose de soixante pieds d'élévation et décoré d'une longue
ligne d'hiéroglyphes. Tout auprès gisent les débris d'un obélisque semblable : des ruines sont entassées sans ordre autour
de ce monolythe. Une porte voisine mène à un péristyle entièrement dévasté et que décore un autre obélisque d'une taille
colossale : celui qui lui servait de pendant n'existe plus. Du
péristyle on entre dans un vestibule dont les deux portes
mènent à des constructions presque entièrement éboulées ; une
cour vient après : elle conduit à deux salles, à un vestibule
et à deux pièces peu étendues, qu'ornent des bas-reliefs et
qu'entoure un couloir décoré des mêmes ornemens et précédé
de deux petites chambres carrées. A environ cinquante pieds
de ces constructions on aperçoit, tant au Sud qu'au Nord,
des murs parallèles éboulés maintenant, et qui paraissent avoir
contenu dans toute leur longueur des cellules carrées, larges
de dix pieds.

A soixante pas, à l'Est des ruines dont je viens de vous

tache plus que tout ce que j'ai vu jusqu'ici : à
chaque instant j'y découvre de nouvelles beautés

---

parler, sont encore des constructions considérables, parmi
lesquelles je remarquai une belle galerie couverte, dont deux
rangées de colonnes soutiennent les plafonds. Elle présente la
figure d'un parallélogramme long et est entourée de bas-côtés
que forment des piliers carrés. Après cette galerie viennent
deux vastes salles très-ruinées, auxquelles succèdent quelques
petites cellules; plusieurs colonnes bizarres et variées entre
elles sont encore debout dans ces salles : j'en remarquai quelques-unes qui n'ont point de chapiteau, et dont le fût présente un polygone à seize faces. Un petit édifice carré, décoré
intérieurement de sculptures et de peintures, existe presque
intact au milieu de ce dédale de ruines. Les murs d'enceinte,
contre lesquels étaient adossées de petites pièces, dont plusieurs subsistent encore, sont très-bien conservés dans certaines parties et fort détériorés à d'autres endroits. Ils sont
couverts de sculptures, dont la plupart représentent des vic-
toires et des tableaux de batailles.

Une grande enceinte en briques entourait Karnak et renferme encore d'autres ruines. Je continuai à me diriger vers
l'Est en quittant la galerie couverte que nous venons d'examiner; je passai devant quelques murs éboulés et quelques
colonnes brisées, et j'arrivai à la porte principale du côté
de l'Orient : elle est enchâssée dans le mur de briques, peu
ornée, haute d'environ soixante pieds; un globe ailé, dont les
couleurs ont conservé tout leur éclat, plane sur sa corniche;
au-delà de cette dernière enceinte j'aperçus des ruines trop
détériorées pour que j'en pusse reconnaître la destination. Je
me dirigeai ensuite vers le Nord en suivant le mur de briques; je m'arrêtai à une construction peu étendue, qui se
compose de trois petites salles et que précédait une porte

de détail; en le quittant, je croirai me séparer d'un ami. Il me semble que je me suis approprié ces

---

actuellement encombrée. Plus loin sont les fondations d'un monument qui a été fort considérable, et au-delà desquelles s'élève la grande porte du Nord, à laquelle on arrivait par une longue avenue de sphinx aujourd'hui très-mutilés, et que précèdent deux colosses de dix pieds de haut.

Au Sud de cette porte sont des débris d'obélisques, d'une innombrable quantité de colonnes, d'un pylone, et d'une foule de petites salles et de couloirs.

Dirigeons-nous maintenant vers la grande entrée du Sud, la plus magnifique de toutes, en traversant dans leur principale largeur les ruines que nous avons déjà examinées.

Quatre propylées forment cette entrée, tous plus ou moins détériorés : ils n'ont jamais été d'égale hauteur entre eux et sont irrégulièrement placés; leurs ouvertures ne se correspondent pas. En quittant le temple, on entre dans une cour qui précède le premier pylone : ce monument ne subsiste plus qu'au quart de sa hauteur primitive; deux colosses en grès, très-mutilés, se trouvent à son entrée : une cour succède au premier propylée; on y voit, vers l'Est, les débris d'un grand bassin carré qu'alimentaient jadis les eaux du Nil. Le second pylone la termine du côté Sud; on y aperçoit quelques sculptures : en le dépassant on trouve adossées contre sa face méridionale quatre statues assises, qui pouvaient avoir primitivement trente pieds de haut; il y en a deux en granit rouge, les deux autres sont en pierre calcaire cristallisée, semblable à du marbre blanc : l'une de ces statues est bien conservée.

Le troisième propylée s'élève à trois cents pas environ du second : il est fort délabré; on y voit cependant beaucoup de traces de peinture et de sculpture, et à son côté extérieur est une statue colossale, enterrée jusqu'à la poitrine. Une

lieux abandonnés : en les parcourant, je me sens heureux, je jouis pleinement de mon existence.

---

cour de cent vingt pas de longueur, et au milieu de laquelle sont les ruines d'un portique et de quelques salles, mène au quatrième pylone, le plus détérioré de tous. Deux statues, représentées debout, le précèdent; elles sont en pierre blanche cristallisée ; leurs têtes et leurs bras n'existent plus ; elles doivent avoir eu trente à trente-cinq pieds d'élévation. La porte en granit est ornée de sculptures magnifiques, qui représentent des offrandes aux dieux; après l'avoir traversée, on remarque les restes de deux colosses assis en granit rose et quelques autres débris de sculptures.

En avant des pylones est une longue avenue de sphinx à tête de bélier sur des corps de lion; d'autres avenues semblables se dirigent en différens sens, sans doute elles se prolongeaient jadis jusqu'à Louqsor. Plusieurs des sphinx ont des têtes de femme sur des corps de lion. L'une de ces avenues, qui se compose de béliers de taille colossale, mène à la porte d'un édifice nommé le grand temple du Sud, dont je ne vous ai point encore parlé. Ces béliers sont admirablement sculptés, mais les détails en ont beaucoup souffert. Je suivis en silence cette longue ligne de sphinx placés encore comme ils l'étaient il y a tant de siècles. C'est ici, me disais-je, que les Pharaons et les prêtres de l'Égypte ont exercé leur puissance; c'est ici qu'ont passé leurs pompeux cortéges et leurs processions solennelles. Voici les lieux que les Grecs et les Romains n'ont plus admirés déjà que comme les ruines les plus imposantes du monde, et où ils sont venus puiser les premiers principes des sciences et des arts. Un silence profond règne dans ces édifices immenses, qui pendant long-temps ont retenti de cris de victoire et de chants religieux. Les couleurs des pierres sont encore aussi vives qu'elles l'étaient dans l'ori-

L'auguste immensité de ce qui m'entoure me donne
une idée de ce qu'étaient les chefs de l'ancienne

---

gine; les sculptures qui les décorent sont d'un fini aussi précieux que si elles eussent été exécutées de la veille.

Arrêtons-nous ici à la magnifique porte pyramidale du
grand temple du Sud; elle est isolée, et cet isolement ajouté
à son effet imposant : on lui a donné le nom de porte triom-
phale, et c'est à juste titre. Jamais, en effet, les mains des
hommes n'ont élevé d'arc de triomphe plus noble, plus auguste. Une élégance parfaite règne dans toutes ses parties;
elle est admirablement conservée; sa large corniche cannelée
contient un globe ailé, sculpté avec la plus étonnante perfection. Des tableaux, représentant des offrandes aux dieux,
ornent les diverses faces de la porte; les couleurs en sont encore d'un éclat comparable à celui des peintures modernes
les plus fraîches; elles se marient de la manière la plus heureuse : tous les ornemens accessoires sont travaillés avec un
goût qui ne laisse rien à désirer. Une avenue de béliers,
longue de cinquante à soixante pas, mène de la porte triom-
phale au grand temple du Sud; un pylone délabré, haut de
plus de cinquante pieds, lui sert d'entrée; des escaliers,
assez bien conservés, permettent de monter sur les terrasses
de ce pylone, derrière lequel s'étend un grand portique carré,
découvert au milieu et qu'entourent deux rangées de colonnes
très-encombrées, dont les chapiteaux forment des boutons
de lotus tronqués : une architrave et une corniche les surmontent. Les fûts sont ornés d'hiéroglyphes et de figures en
entail relevé. Les murs latéraux du portique sont également
décorés de sculptures. Au fond de ce portique est une salle,
dont huit colonnes soutiennent les plafonds; des offrandes
aux dieux sont représentées sur ses parois. Le mur du fond
de cette salle est percé de trois portes; celle du milieu mène

Égypte. Je vois ici un sanctuaire digne de la divinité : ce qui est vraiment grand est de tous les

par un corridor à une pièce qu'entoure un couloir, et derrière laquelle est une salle à quatre colonnes, remplie de terre et de divers fragmens; les deux autres conduisent à de petits appartemens sombres et encombrés.

Outre le temple dont je viens de vous parler, il en est encore un autre auquel on donne le nom de *Petit temple du Sud*. Son entrée principale est tournée du côté de l'Ouest. Il paraît n'avoir pas été terminé; les sculptures qui le décorent sont plus soignées, mais moins originales, que tout ce que l'on voit en ce genre à Karnak. Derrière la porte est un petit péristyle à deux colonnes, presque dépourvu d'ornemens. Un escalier pratiqué au nord-ouest de cette pièce mène aux terrasses du temple. Aux angles sud-est et nord-est de la salle sont des corridors par lesquels on parvient à des salles sombres, qui pour la plupart sont couvertes de sculptures fort bien conservées. Ces salles sont contiguës à un petit sanctuaire qu'entoure un couloir, et qui n'a guère que sept pieds et demi de large sur dix et demi de long; trois rangées de tableaux sculptés, dans lesquels Isis et Horus se répètent, couvrent ses parois; une niche en occupe le fond. A l'extérieur le petit temple du Sud est dépourvu d'ornemens, sauf la partie méridionale, où sont représentées des cérémonies religieuses.

Pour achever de vous rendre compte des ruines de Karnak, je dois ajouter qu'à l'extrémité méridionale de l'allée des sphinx de la grande entrée du Sud, on voit une vaste enceinte de briques, construite sur une butte, auprès de laquelle sont les débris d'un grand bassin destiné jadis à recevoir les eaux du Nil; on y aperçoit également les fondations d'un grand bâtiment qui formait un carré long, et d'autres

temps et de tous les cultes. D'ailleurs, les images et les symboles sacrés qui décorent Karnak sont la représentation allégorique de vérités sublimes et le résultat de profondes connaissances. Que devait être la nation par laquelle de semblables monumens ont été élevés?

Je suis, etc.

---

débris de colonnes, de statues, de sphinx et d'appartemens. J'ai trouvé à cet endroit plusieurs statues en granit noir, très-bien conservées, représentant des hommes à tête de lion assis sur des trônes et dont les mains sont collées contre les cuisses.

Je ne sais si j'ai réussi à vous donner une idée des énormes ruines de Karnak; vous m'avez suivi pas à pas dans la première inspection que j'en ai faite.

LETTRE XLIV.

Ruines de Thèbes.

J'avais passé plusieurs jours à Karnak, sans avoir été encore à Louqsor, village bâti au Midi du précédent, sur une partie de l'emplacement de l'un des édifices de Thèbes aux cent portes. Enfin, lorsque j'eus achevé quelques dessins, je m'y rendis dès le lever du soleil, je traversai l'allée méridionale des sphinx, quelques bouquets de palmiers, une plaine sablonneuse, et j'arrivai à l'entrée de Louqsor. Un tableau, dans lequel l'architecture la plus somptueuse se mêle aux édifices les plus misérables, arrêta d'abord mes regards. Je voyais devant moi de grands propylées, semblables aux pylones de Karnak, et couverts de sculptures représentant des scènes de batailles. Deux immenses obélisques monolithes en granit rose, hauts de près de quatre-vingts pieds et enrichis d'hiéroglyphes, dont les arêtes sont aussi pures qu'au moment où elles ont été taillées, précédaient les propylées, contre lesquels étaient adossés deux colosses, enterrés aujourd'hui jusqu'à la poitrine. Entre les deux môles du pylone j'apercevais une porte moderne bâtie en boue; quelques chétives cabanes et quelques pigeonniers d'une construction semblable, obstruaient l'édifice antique. Je m'assis sur une pierre pour faire le dessin de ce singulier assemblage d'objets sublimes et mesquins; des enfans nus jouaient autour de moi; quelques vieux Arabes déguenillés, accroupis à côté du siége que j'avais choisi, suivaient des yeux mon travail : mais le propriétaire de la cabane auprès de laquelle je m'étais arrêté vint me prier de m'éloigner de son habitation, en ajoutant qu'il avait déjà empêché un Anglais de continuer à faire des sortiléges dans son voisinage.

Après avoir terminé à la hâte mon esquisse, agenouillé dans la poussière et exposé à l'ardeur d'un soleil brûlant, je dépassai la porte moderne des propylées. Les maisons et les écuries qui ont été bâties en cet endroit, dans l'enceinte même du monument antique, cachent presque entièrement les anciennes constructions égyptiennes : j'aperçus de distance en distance quelques murailles hiéroglyphiées, quelques chapiteaux de colonnes; mais la superstition des habitans de Louqsor me fermant l'entrée de leurs maisons, il me fut impossible de bien voir cette partie de l'édifice; je jugeais seulement qu'un grand pérystile à colonnes et couvert de terrasses y avait existé. Ayant traversé la princi-

pale rue du village et un second propylée, je trouvai une avenue de quatorze colonnes placées sur
deux lignes ; elles sont d'une dimension colossale,
quoique fort encombrées, et m'ont paru presque aussi
grandes que celles de la salle hypostyle de Karnak.
Les pierres de l'architrave, qui unissent les colonnes
dans le sens de la longueur, existent encore; les
fûts sont ornés de sculptures. Au Sud de cette avenue est un vaste espace carré, entouré de galeries
à colonnes, excepté du côté du Nord : à l'Ouest et à
l'Est la galerie a un double rang de onze colonnes;
au Sud elle en a quatre de huit colonnes : elles sont
très-ensablées ; leurs chapiteaux ont la forme de
boutons de lotus tronqués. Derrière ce majestueux
portique s'élèvent d'autres bâtimens, qui malheureusement sont obstrués de maisons modernes : il
est possible cependant de reconnaître leur disposition première, et on remarque d'abord avec étonnement que la ligne centrale du palais de Louqsor
est faussée, et qu'au lieu de rester droite, elle dévie
de plus en plus vers l'Est. On voit en diverses
parties les débris d'un mur d'enceinte. [1]

-----

[1] A vingt pas environ de la galerie à quatre rangs de pilastres, en suivant l'axe du bâtiment, on entre dans un vestibule ; quatre colonnes du même ordre que celles du péristyle
en soutiennent le plafond. Des deux côtés de ce vestibule sont
des pièces peu vastes ; sa porte méridionale, surmontée d'un
globe ailé, mène à un couloir qui entoure une petite salle

Vues du Nil, les ruines font un effet unique; elles s'élèvent comme autant de géans au-dessus des mesquines constructions modernes qui les environnent, et attestent plus éloquemment que toutes les paroles l'énorme différence qui existe entre les anciens habitans de la vallée du Nil et les Égyp-

---

carrée, bâtie en granit et ornée de sculptures; les portes d'entrée et de sortie de cette chambre suivent la direction générale de l'axe. En traversant la dernière, on trouve une galerie transversale couverte, dans laquelle sont douze colonnes disposées en avenue dans un sens différent de l'axe du bâtiment.

Une porte, placée vis-à-vis de celle de la petite salle de granit, donne entrée dans une pièce carrée à quatre colonnes. Deux autres chambres, qui ont chacune deux colonnes, sont à la droite et à la gauche de cette pièce.

Des portes placées aux extrémités orientale et occidentale de la galerie à six colonnes conduisent à des cellules ruinées, et à deux salles soutenues par trois colonnes et latérales à la pièce construite en granit.

Les colonnes que j'ai vues à Louqsor ne sont point ornées de sculptures comme celles de Karnak, et sont toutes du même ordre, si l'on en excepte les quatorze premières; leurs chapiteaux représentent des fleurs de lotus tronquées.

Pour compléter le tableau général des ruines de Louqsor, j'ajoute qu'un quai antique très-bien conservé existe encore sur le rivage du Nil. Tous les voyageurs s'accordent à dire que les édifices de Louqsor ont été bâtis à des époques différentes. Diverses parties du palais remontent à Rhamsès le grand; il en est d'autres dont la fondation est beaucoup plus moderne.

tiens de nos jours. Leurs masses imposantes, de couleur variée, se détachent d'une manière admirable sur une atmosphère que les nuages n'obscurcissent presque jamais.

La journée allait finir, lorsque je sortis de Louqsor: notre cange nous avait suivis le long du rivage; nous y entrâmes et bientôt nous eûmes passé le Nil. Elle s'arrêta, sur le bord occidental, au pied d'un sycomore dont les branches étendues ombrageaient un ourah[1]; nous mîmes pied à terre sur la plaine de Qournah, en portant avec nous ce qui nous était nécessaire pour passer la nuit dans l'édifice antique le plus voisin. La clarté de la soirée nous permit d'apercevoir des champs bien cultivés auprès du rivage : vers le Sud-Est s'élevaient une petite mosquée et quelques maisons inhabitées. A notre droite nous apercevions, au milieu de palmiers, le palais dont nous voulions faire notre domicile : plus loin la chaîne libyque, criblée de tombeaux, présentait ses formes dentelées; vers le Sud, le Memnonium, Médynet-Abou et les colosses de Memnon dessinaient leurs masses gigantesques au milieu des débordemens du Nil. A notre gauche les ondes rougeâtres et rapides du fleuve formaient une vaste nappe, bornée du côté de l'Orient par la chaîne de Mokattam, les longues galeries de

---

1 Machine à monter l'eau.

Louqsor, et les propylées de Karnak, que des touffes de douns et de dattiers dérobaient en partie à nos yeux. Notre installation fut bientôt faite; nous nous établîmes dans les ruines de Qournah. Je ne pus m'empêcher de réfléchir aux vicissitudes humaines, en faisant mon caravanserail de ce monument auguste, et en voyant un de mes serviteurs, Arabe à barbe noire, allumer un grand feu au milieu du portique pour cuire un peu de pilaw. Je sortis de mon asile dès le point du jour, afin de jeter un coup d'œil sur le péristyle du temple avant de commencer l'examen de l'intérieur. Quelle fut ma surprise lorsque je vis s'animer la contrée qui, quelques instans auparavant, me semblait déserte; des centaines d'hommes, de femmes et d'enfans sortaient des tombeaux de la chaîne libyque. Ces retraites de la mort leur servent aujourd'hui de demeures; des sépulcres égyptiens ont été convertis en un village arabe.

Le palais de Qournah est le moins vaste de ceux que nous avons vus à Thèbes. La construction en est différente : on n'y trouve ni propylées, ni obélisques, ni avenues de sphinx; cependant ses dimensions sont colossales : de mauvaises bâtisses modernes l'obstruent. [1]

____

[1] Un péristyle, formé de dix colonnes, dont huit sont encore existantes, le précède et fait face au Nil. Il a environ

Les habitans de Qournah ont aperçu notre cange pavoisée, et savent déjà que des étrangers sont arrivés à Thèbes. Ils viennent en foule pour nous vendre les vases, les scarabées, les amulettes, les colliers de momies, les petites statues en pierre, en bronze,

trente pieds d'élévation. Les chapiteaux représentent des boutons de lotus tronqués; ils soutiennent l'architrave et la corniche du plafond de ce portique. Trois portes, placées au fond du péristyle, mènent aux diverses portions du temple, qui forme en quelque sorte trois appartemens séparés. L'entrée du milieu est fort large, mais très-encombrée; elle conduit à un grand vestibule, soutenu par six colonnes du même ordre que celles du portique. Les couleurs antiques y ont conservé beaucoup d'éclat en certaines parties. Ce vestibule est entouré de petits appartemens richement hiéroglyphiés; au-delà des six colonnes il s'élargit. Le mur du fond est percé de plusieurs portes, qui mènent à quatre salles et à deux cabinets; une large brèche fait face à la grande porte du palais: elle sert d'entrée à un espace assez vaste, derrière lequel existaient des appartemens aujourd'hui tout-à-fait écroulés. De ce point on découvre une vue de ruines très-pittoresque; d'énormes débris occupent le premier plan : l'éboulement du mur permet de voir les six colonnes du vestibule et l'entrée principale, au-delà desquelles on aperçoit un groupe de palmiers. Les hauteurs de Mokattam ferment le tableau du côté de l'Est.

Retournons au péristyle : nous y trouvons, outre la porte du milieu, deux entrées latérales, percées sans symétrie; celle de droite conduit à deux petites salles et à un espace encombré, où des appartemens paraissent avoir existé; celle de gauche mène dans un vestibule à deux colonnes, au fond duquel sont trois petites pièces.

en terre cuite et en bois, qu'ils déterrent journellement dans les tombeaux. J'en ai suivi quelques-uns
jusqu'au pied des montagnes, à un quart de lieue
au nord du temple ; j'y ai vu un espace long de
cent quarante pas, large de soixante-dix environ,
entouré sur trois côtés de galeries doubles, hautes
de dix à douze pieds et taillées dans les rochers libyques : elles servent d'entrée à un labyrinthe de
catacombes habitées aujourd'hui. Mon drogman
m'engagea à renoncer au désir que j'avais d'y pénétrer ; la superstition des Arabes ne permet pas
aux Européens de parcourir leurs demeures sou-
terraines.

Je suis, etc.

LETTRE XLV.

Ruines de Thèbes.

A notre départ de Qournah, nous nous dirigeâmes vers le Midi, en suivant les dernières collines de la chaîne libyque : les inondations nous
empêchaient de rester dans la plaine. Après une
heure de marche, nous arrivâmes auprès des belles
ruines auxquelles on a donné tour à tour les noms
de tombeau d'Osymandias[1], de palais de Memnon,
de Memnonium et de Ramesséion, et que les gens

---

1 Un grand pylone précède ces ruines ; quoique très - mu-
tilé, on y aperçoit les traces de tableaux de batailles, sculptés
avec art. Il détermine l'un des côtés d'une cour carrée de soixante
pas de long, dont le mur d'enceinte est détruit ; les énormes
débris d'un colosse de granit rose obstruent cette cour ; la tête
et la poitrine de la statue sont encore reconnaissables. D'après
ce qui en reste, elle était assise et avait cinquante à soixante
pieds d'élévation. Après la cour, venait un second pylone, dont
les fragmens jonchent la terre ; un péristyle lui succède : à en
juger par les fondations et les ruines, il était carré, entouré
d'une double colonnade, et formait une galerie couverte au
Nord et au Sud. A l'Ouest il avait un rang de piliers et un
de colonnes ; à l'Est seulement un rang de piliers. Les piliers

du pays appellent *Cassar-el-Kaki*. Elles présentent un magnifique ensemble ; leur face est tournée vers le Nil.

Au Sud-Est de cet édifice antique, le plus élégant,

---

existent au nombre de quatre de chaque côté ; des colosses de trente pieds d'élévation, représentés les bras croisés sur la poitrine, y sont adossés et forment d'immenses cariatides. Partout on découvre des traces de sculpture. Les murs d'enceinte du péristyle sont très-détériorés ; celui du fond est percé de trois portes, dont la plus grande est au milieu : elles conduisent toutes à une salle ruinée, d'une énorme étendue, divisée en trois parties et plus élevée au milieu que sur les côtés. Quatre rangées de six colonnes y sont encore debout ; d'après la disposition du monument, il y avait originairement dix rangées de pilastres.

Les colonnes du milieu, plus fortes que les autres, ont au moins trente pieds de haut : elles sont les plus élégantes de celles que j'ai vues à Thèbes ; leurs proportions sont admirables, leurs ornemens et leurs sculptures du meilleur goût. Les chapiteaux représentent des fleurs de lotus épanouies et très-évasées. La peinture y est bien conservée : le vert, le bleu et le jaune s'y distinguent en particulier par leur extrême fraîcheur.

Les colonnes latérales, moins élevées que celles-ci, mais également décorées, ont des chapiteaux à forme de bouton de lotus tronqué. Les murs de cette salle, conservés en grande partie, sont couverts de bas-reliefs représentant des sacrifices religieux et des scènes belliqueuses. Rhamsès le grand joue le principal rôle dans une grande partie des sculptures de l'édifice. La porte du fond mène à une salle où huit colonnes sont debout, et au-delà de laquelle il en est encore une semblable. Les murs d'enceinte de ces deux dernières pièces

quoique l'un des moins vastes de la Thébaïde, on voit les deux immenses statues, dites colosses de Memnon; elles sont assises sur des troncs élevés et ont cinquante-cinq pieds de hauteur. Ces colosses, représentés dans un état d'immobilité parfaite, ont quelque chose de fixe et de tranquille, qui frappe plus vivement peut-être qu'un genre de sculpture auquel un ciseau habile aurait donné un caractère animé; ici l'absence totale, la nullité complète d'expression a quelque chose de solennel. La vue de ces statues rappelle la brièveté de la vie en réveillant le souvenir des générations innombrables qui ont passé depuis qu'elles existent.

Nous eûmes beaucoup de peine à arriver au pied de ces figures, que les eaux débordées du Nil entourent actuellement de toutes parts : elles sont extrêmement mutilées. La plus septentrionale des deux est appelée plus particulièrement Statue de Memnon.

En quittant ces colosses et en se dirigeant vers

---

sont éboulés; mais ce qui en existe encore est de la plus grande beauté, comme le reste du monument.

Des voûtes bâties en briques sur deux rangées, au pied de la chaîne libyque, s'étendent à soixante pas au Nord de cet édifice; leur origine est incertaine : des voyageurs les ont désignées alternativement comme des antiquités égyptiennes, des constructions romaines, des édifices chrétiens et des tombeaux.

le Sud-Est, on arrive, après une demi-heure de marche, au village de Medynet-Abou, où s'élèvent sur une éminence les temples et les palais, dernières ruines qui fassent partie de l'ancienne Thèbes. [1]

---

1 On y voit réunis en un même lieu des édifices dont l'origine remonte à des époques très-différentes. Nous gravissons une colline aride et apercevons de temps en temps des blocs de grès qui faisaient partie d'un mur d'enceinte. Nous trouvons une porte qui mène à une cour rectangulaire, entourée de murs peu élevés et surmontés d'une corniche; le fond de cette cour est occupé par une porte, placée entre deux môles; deux colonnes très-décorées, et dont les couleurs ont conservé beaucoup d'éclat, la précèdent; six autres colonnes, brisées au tiers de leur hauteur et engagées dans des murs d'entre-colonnement, forment avec celles dont je viens de vous parler une ligne devant le pylone.

La porte du pylone, couverte de bas-reliefs qui retracent des scènes religieuses, et dont la corniche cannelée, décorée d'un globe ailé, brille des plus vives couleurs, conduit à un second édifice du même genre, moins considérable que le premier; il en est éloigné de vingt pas. L'espace qui les sépare est en grande partie encombré de ruines modernes. Au second pylone succède une cour entourée de murailles enrichies de sculptures.

Au fond de la cour est un temple qu'entoure un péristyle de quatre piliers à la façade et de cinq sur les côtés. Aux angles du bâtiment sont des colonnes octogones, dont un grand dé forme le chapiteau. Chacun des piliers est décoré de la figure d'Anubis ou d'Osiris, et de celle d'un personnage qui présente une offrande à l'une ou à l'autre de ces divinités. Le reste de la galerie est également couvert de sculptures. Le temple renferme plusieurs petites salles et cellules qui sont

Je m'occupais ces jours derniers à dessiner à Kassar-el-Kaki, lorsqu'un jeune Anglais, M. Wilkinson, qui depuis plusieurs années réside en

---

ornées de bas-reliefs. Au Nord-Ouest de l'édifice est la trace d'un bassin carré antique.

Rentrons dans la cour qui précède le temple dont je viens de vous parler. Au Sud-Ouest, nous trouvons deux portes qui mènent à un grand pavillon à deux étages, percé de fenêtres carrées ; évidemment il a été destiné dans l'origine à être habité par quelque grand personnage. On y entre par deux tours carrées pyramidales. Des espèces de crénaux le surmontent ; les bas-reliefs qui décorent ce monument singulier sont fort remarquables : des trophées y sont sculptés ; on y voit partout des esclaves et des captifs représentés dans une attitude humiliante.

D'autres bâtimens s'étendent à l'Ouest du pavillon, sur le même axe, et se rapprochent de la chaîne libyque. Un grand pylone, à moitié enseveli, et encombré de maisons ruinées, mène à une cour carrée, très-vaste, fermée au Nord par une galerie composée de sept piliers également carrés, contre lesquels sont adossées autant de statues colossales ; au Sud, par une autre galerie, que soutiennent huit grosses colonnes, et à l'Ouest, par un pylone moins considérable que celui qui lui est opposé et par lequel nous étions entrés. En traversant le pylone de l'Ouest, on pénètre dans une seconde cour environnée de galeries, et plus magnifique encore que la première. La galerie de l'Est se compose de huit piliers carrés, contre lesquels sont adossées des statues colossales ; celle de l'Ouest, d'un nombre égal de piliers semblables, derrière lesquels sont autant de grosses colonnes ; celles du Nord et du Sud, enfin, de cinq colonnes. Cette cour, convertie successivement en église chrétienne et en mosquée, renferme en outre une quantité de

Égypte, vint nous engager à partager sa demeure. Ici les Européens deviennent bien vite amis : une société nouvelle fait une diversion agréable aux

---

pilastres en granit rouge d'une seule pièce. Ils ont été élevés par les chrétiens bien plus tard que le monument dans lequel ils sont placés, et font mieux ressortir encore son immensité; ils semblent petits, quoiqu'ils aient vingt-cinq pieds d'élévation. Il en est qui sont encore debout, les autres sont brisés et couchés à terre; la couleur éclatante du granit rouge contraste de la manière la plus frappante avec les matériaux presque blancs dont on s'est servi pour construire la galerie égyptienne.

Ce péristyle de Medynet-Abou est peut-être ce que Thèbes offre de plus étonnant. Ces immenses lignes non interrompues, ces larges piliers, ces cariatides, ces colonnes gigantesques, enfin, donnent à l'ensemble du monument un aspect grandiose, et l'on oublie que les édifices voisins se distinguent par plus d'élégance. Les couleurs des galeries sont conservées à un degré qu'on a peine à concevoir, lors-même qu'on a vu Karnak et le Memnonium. Les sculptures qui les couvrent en tout sens sont du plus haut intérêt; elles offrent à l'histoire une foule de documens neufs et précieux. Ce sont des bas-reliefs dans lesquels plusieurs savans voyageurs ont reconnu les détails de la vie de Rhamsès-Méïamoun. Dans la galerie Nord on découvre les restes du sanctuaire d'une église chrétienne.

Derrière le péristyle sont quatre pièces très-encombrées; plusieurs autres édifices, dont on rencontre les restes de distance en distance, et qui sont mêlés à des débris moins anciens, étaient entourés d'un grand mur d'enceinte, dont on suit difficilement les vestiges : il s'étendait jusqu'au pied de la chaîne libyque.

Les murs extérieurs des ruines de Medynet-Abou sont en-

événemens du voyage; nous acceptâmes avec plaisir sa proposition. Bientôt la connaissance fut faite; notre nouvel ami est un homme aimable et instruit: nous le suivîmes à son domicile. Il habite l'un des tombeaux de la chaîne libyque : pour y arriver, nous montâmes pendant une demi-heure au milieu de roches escarpées, bordées de toutes parts de demeures semblables à celles dont nous allions prendre possession : la terre était criblée de trous, traces de fouilles récentes; des débris de momies jonchaient le sol. Enfin nous arrivâmes à *notre tombeau* : il est arrangé avec goût, meublé à l'égyptienne, distribué en plusieurs pièces, orné d'antiques peintures à fresque; une fraîcheur agréable y règne. Au devant

---

richis de sculptures représentant des combats de terre et de mer. En descendant la colline des ruines du côté Sud-Ouest, on trouve un petit temple composé d'un portique peu étendu et de trois pièces successives presque dépourvues d'ornemens. Des tableaux simplement ébauchés, quelques sculptures à peine dégrossies, démontrent qu'il n'a jamais été achevé.

A deux cents pas au Midi de ce temple est une vaste enceinte de forme rectangulaire, à laquelle on a donné le nom d'Hippodrome de Medynet-Abou : des monticules, qui d'abord semblent de simples amas de terre, et dans lesquels, en les examinant avec plus de soin, on remarque des briques, indiquent l'étendue de ce cirque antique, aujourd'hui rendu à la culture. A son extrémité méridionale on voit les restes d'un petit temple ruiné; la porte en est fort grande, et a fait supposer que jadis l'édifice était plus considérable.

s'élève un petit belvédère, d'où l'on jouit d'une vue magnifique : la chaîne arabique la borde à l'Orient ; devant nous s'étend une plaine immense, couverte de verdure et arrosée par le Nil : toutes les ruines des deux rivages se développent à nos regards.

Depuis ce moment, le temps s'écoule ici pour nous de la manière la plus intéressante et la plus agréable. Les Arabes de Qournah, amis de notre hôte, viennent nous vendre les produits de leurs fouilles et nous permettent d'entrer dans leurs habitations. Je vais souvent chez eux pour voir ce qu'ils trouvent en fait d'antiquités : ils établissent leur domicile dans les sépulcres les plus vastes ; quelques misérables constructions en boue en masquent l'entrée : des chiens la défendent. Lorsqu'on pénètre dans l'intérieur de ces réduits, on y voit les objets les plus divers et dont la réunion semble la plus bizarre : des femmes et des enfans sont accroupis dans le fond de ces grottes, entourés des grossières productions de l'industrie arabe, auxquelles se mêlent des momies, des vases funéraires, des statues et des sarcophages.

Je passe mes journées à parcourir les palais de Thèbes et surtout les tombeaux non habités de la chaîne libyque. Ces dernières constructions m'attachent singulièrement ; plus je les examine, et plus la curiosité qu'elles m'inspirent augmente. La peinture et la sculpture y ont représenté les divers genres d'industrie auxquels se livraient les anciens Égyptiens. Il me sera impossible de visiter toutes ces tombes, elles sont en quantité innombrable; pour les bien connaître, un séjour de quelques années suffirait à peine; mais notre hôte, qui a étudié ces retraites avec soin, a la bonté de m'indiquer les plus intéressantes et de me guider dans mes recherches. J'y vois le détail fidèle des travaux et de la vie intérieure du peuple qui a laissé tant de monumens de sa puissance : les cérémonies religieuses; les procédés des arts, des métiers, de l'agriculture, de la chasse, de la pêche, de la navigation, du commerce, de la guerre, etc., y sont exactement retracés, et donnent une preuve frappante du haut degré de civilisation où les Égyptiens étaient parvenus; presque tous les métiers exercés de nos jours en Europe leur étaient connus. Tandis que d'autres nations, oubliées aujourd'hui, ont disparu du globe sans laisser aucune trace de leur existence, un climat conservateur a secondé ici une architecture colossale, et Thèbes renferme, après plus de trente siècles, une quantité prodigieuse de monumens avec lesquels rien de ce qui a été fait depuis ne peut rivaliser.

On pénètre ordinairement dans ces hypogées par une étroite ouverture pratiquée dans la roche brute. Un corridor élevé et peu large, décoré de peintures, de sculptures et d'hiéroglyphes, mène a différentes petites cellules : au fond de la grotte, des puits carrés assez profonds renfermaient les momies. Il est rare maintenant d'en découvrir de bien conservées : on reconnaît celles des personnages d'une condition relevée aux ornemens qui les couvrent, et à la quantité de boîtes ou cercueils dans lesquels le corps est renfermé. Singulière nation! le sceau de la durée est empreint sur tous ses ouvrages; elle a même transmis ses cadavres à la postérité. Je ne puis contempler la vue que je découvre de ma cellule, sans réfléchir aux temps où une innombrable population animait le vaste tableau que j'ai sous les yeux, où une cité immense entourait les monumens qui existent encore. Le silence de la mort a succédé au mouvement tumultueux des rues d'une vaste capitale; quelques chaumières, quelques hommes à moitié sauvages, remplacent des palais somptueux et une nation qui la première civilisa le monde : les maisons, les édifices particuliers se sont écroulés; mais les cadavres de leurs habitans existent encore, déposés dans des demeures qui dureront autant que les rochers dans lesquels elles ont été taillées. Le respect religieux pour les morts explique le soin qu'ont donné les Égyptiens à la construction de leurs tombeaux. On reconnaît le style de cette nation aux ornemens sans nombre qui décorent ces grottes jusque dans les endroits les plus reculés : on y retrouve ce caractère éminemment sérieux et réfléchi qui lui faisait consacrer tous ses travaux à un but d'utilité. Les hypogées étant destinées à retracer le tableau de la vie civile, leurs formes et leurs décorations varient à l'infini; les sculptures et les peintures y sont plus ou moins délicatement travaillées, suivant le goût et la fortune du fondateur : j'en ai visité qui présentent de simples cellules carrées grossièrement sculptées; il en est d'autres qui, divisées en un grand nombre de pièces, sont ornées avec autant de magnificence que les palais de Karnak.

Je suis, etc.

LETTRE XLVI.

Ruines de Thèbes.

La vallée de Byban-el-Molouk, où sont les tombeaux des rois, nous restait encore à visiter; elle est sur le flanc occidental de la chaîne libyque. Nous y avons passé la journée d'hier. Nous ne pûmes nous mettre en route qu'à cinq heures et demie. Le soleil était assez haut, lorsque nous partîmes; le thermomètre Réaumur indiquait trente-deux degrés au-dessus de zéro; cependant il était suspendu au fond de notre grotte, dont la température, comparée à l'atmosphère extérieure, nous paraît délicieuse. Je vous laisse à penser ce que nous eûmes à souffrir pour escalader des pointes de rochers calcaires de couleur blanche, exposées à la pleine ardeur du soleil et taillées à pic. Deux chemins mènent à la vallée des tombeaux : on y arrive, en traversant la chaîne libyque directement au-dessus de notre habitation, ou bien en faisant un long détour pour trouver une voie plus facile. Nous préférâmes la première des deux routes, quoiqu'elle soit fort pénible. Le sentier est escarpé à tel point, que nous étions souvent obligés de nous accrocher des deux côtés aux pointes du rocher pour pouvoir passer. Enfin nous arrivâmes à la crête de la montagne, après une demi-heure de marche; cependant nos misères n'étaient point à leur terme. On nous montra une espèce de précipice profond et escarpé, par où il fallait descendre dans la vallée : lord Brabazon y arriva heureusement; quant à moi, la tête me tourna aussitôt que je me vis engagé dans ce passage dangereux; et pour comble d'infortune je perdis mes babouches qui allèrent tomber dans la vallée. Nos guides m'aidèrent à remonter, en me jetant leurs longues ceintures, et m'indiquèrent alors un autre sentier, plus éloigné. Je fus obligé de les suivre pieds nus sur un sol brûlant, et j'arrivai au terme de ma course après me les être mis en sang.

Rien n'est triste comme la vallée de Byban-el-Molouk, la nature semble l'avoir destinée à devenir le séjour de la mort : d'immenses masses de rochers la divisent en plusieurs branches; dans ces blocs sont taillés les sépulcres des anciens souverains de l'Égypte : on n'y aperçoit aucune trace de végétation, aucune de ces ronces qui se rencontrent dans les terrains les plus arides; des masses de pierre entassées les unes sur les autres, des ravins étroits, du sable, des débris de granit et de roche calcaire, voilà tout ce qu'offre ce triste paysage. Vingt-huit tombeaux ont déjà été ouverts dans la vallée; peut-être en recèle-t-elle d'autres encore.

La pierre dans laquelle ces grottes profondes sont creusées est calcaire et blanchâtre. Une porte taillée dans la roche brute leur sert d'entrée; elles consistent généralement en un long corridor, auquel plusieurs cabinets sont adjacens à droite et à gauche; ce corridor mène à des appartemens plus ou moins vastes, plus ou moins nombreux, et, enfin, à une grande salle dont le plafond est ordinairement construit en forme de voûte; c'est là qu'est déposé le sarcophage; derrière cette salle existent d'autres pièces, plus petites. Les divers appartemens des tombeaux sont couverts d'hiéroglyphes et de bas-reliefs; ces sculptures sont taillées quelquefois en creux, presque toujours en relief, et peintes ensuite. Il est des sépulcres qui sont entièrement ouverts; d'autres dont les issues sont obstruées de décombres.

C'est avec raison que des savans ont nommé ces hypogées les dépôts des connaissances de l'ancienne Égypte. La quantité de tableaux qu'ils renferment donnent, comme ceux des tombeaux de Qournah, les détails les plus curieux sur l'état où s'y trouvaient alors les sciences et les arts; ils sont exécutés avec la dernière perfection. L'histoire du défunt est consignée sur les murs de sa dernière demeure. Ces sculptures semblent destinées à la transmettre à la postérité la plus reculée.

II.   9

Parmi les sépulcres de Byban-el-Molouk, le plus
remarquable est celui qui a été découvert, il y a peu
d'années, par le voyageur Belzoni, qui en a fait un
plan en relief. Les bas-reliefs et les couleurs y sont
en général aussi intacts que si le monument était
terminé de la veille : on y voit une salle dont les
décorations ne sont point achevées, les bas-reliefs
qui devaient la couvrir ont simplement un contour
en rouge et en noir; le dessin en est d'une fermeté
et d'une précision admirable ; ils sont tels que le
dessinateur les a laissés au moment où le sculpteur
devait les achever : ils devaient être terminés le lendemain; mais ce lendemain n'est plus arrivé. Ce
tombeau immense est un véritable palais; il contient
plusieurs escaliers et quinze corridors, salles et cabinets de différentes dimensions; jamais demeure
souterraine ne fut construite avec plus de magnificence. Je dois également vous faire mention d'un
tombeau de roi qui est martelé d'un bout à l'autre;
les seules images de la reine y ont été respectées.
Mon hôte le regarde comme le tombeau d'un roi
condamné par jugement après sa mort. Le soleil
était déjà couché depuis long-temps, lorsque nous
songeâmes à regagner notre demeure ; à l'approche
de Qournah, nous fûmes assaillis par les chiens du
voisinage : les fouilles sans nombre qui ont été faites
en cet endroit, les débris de bâtisses et de momies
répandus sur la surface du sol, y rendent difficiles

et même dangereuses les courses nocturnes. Cependant je ne résiste pas au désir de faire tous les soirs ma promenade solitaire : le crépuscule me semble en harmonie avec les ruines de Thèbes; leur gloire a passé comme un songe : j'aime les ténèbres, elles cachent à mes yeux les empiétemens du désert, et me font oublier que le temps et les sables détruiront encore ce qui reste de la grande Diospolis.

Demain nous quittons Thèbes pour nous diriger vers la première cataracte du Nil. D'après les détails que je vous ai donnés, je crois n'avoir pas besoin d'ajouter que l'architecture avait atteint chez les Égyptiens un très-haut degré de perfection. On a souvent répété que leurs constructions appartiennent à l'enfance de l'art; elles en sont au contraire le type : c'est à leur école que se sont instruites les autres nations; les ordres grecs en dérivent tous, et si les siècles qui ont suivi ont renoncé à leurs masses colossales, à leurs formes à la fois lourdes et nobles, l'impression qu'elles produisent sur ceux qui les contemplent les venge de ces dédains. Personne ne peut voir ces ruines sans en être profondément ému; elles ont exercé un effet magique sur l'armée française, et ont fait oublier aux derniers des soldats les dangers et les fatigues qu'ils avaient déjà supportés, et ceux qui les attendaient encore. Les édifices grecs et romains l'emportent en grâce, en légèreté et en élégance; mais ils n'inspirent pas le sentiment religieux que font naître les temples de l'Égypte. L'architecture égyptienne date d'une antiquité bien plus reculée qu'on ne le croit communément : très-souvent il m'est arrivé de trouver, dans les plus anciens monumens, des pierres qui, à en juger par leurs ornemens, avaient appartenu à des édifices plus antiques encore. Combien de temps n'a pas dû s'écouler depuis l'époque où furent élevées ces constructions massives si soigneusement entretenues par un peuple religieux et ami des arts, jusqu'à celle où elles furent employées comme matériaux à des constructions nouvelles? La sculpture des Égyptiens, tout admirable qu'elle est d'ailleurs, paraît n'avoir été qu'un simple accessoire de leur architecture; elle faisait des monumens une sorte de livre, où était consigné ce qui est relatif à la science, à l'histoire, à la morale et aux arts : dans les temples, dans les édifices, un fait ou un précepte est retracé sur chacune des parties qui les composent; les ornemens qui les décoraient étaient soumis à des règles si invariables, étaient tellement égaux entre eux quant à l'exécution, que jamais la sculpture ne pouvait nuire à l'architecture, ni en détruire l'harmonie.

On a reproché aux Égyptiens la roideur des figures de leurs bas-reliefs; et, partant de là, on a proclamé qu'ils n'avaient point de goût : on oublie que ces formes symétriques avaient quelque signification religieuse; que ce n'était pas dans les traits du visage, mais dans l'attitude et le costume que résidait l'expression que l'on voulait donner à une figure; qu'ainsi, dans la décoration des temples et des lieux saints, l'artiste était assujetti à un type invariable, dans lequel il était obligé d'imiter certains défauts, auxquels même on était habitué, et qui étaient devenus parties constitutives et essentielles du type de l'objet représenté. Je dirai même plus : ce type uniforme, qui se retrouve toujours et choque d'abord, finit par avoir un attrait indéfinissable aux yeux du voyageur ; il y a quelque chose de solennel dans ces ornemens sans cesse répétés, dans le sourire mélancolique de ces visages, et dans ces attributs sacrés des divinités protectrices du pays. En examinant superficiellement ces singuliers bas-reliefs, où l'on voit souvent les animaux adorés comme des dieux, la grossière absurdité d'un semblable culte provoque le sourire du mépris ; mais la réflexion démontre qu'une idée profonde est attachée à chacune de ces images : on a fait concourir à l'établissement d'une religion symbolique les facultés des animaux, les propriétés des plantes, la marche des astres ; nous ne la comprenons plus : espérons que les découvertes intéressantes, faites récemment par M. Champollion, nous donneront la clef de bien des choses qui maintenant nous semblent obscures.

En observant les bas-reliefs avec attention, on y découvre de grandes beautés, surtout dans ceux où il était permis au sculpteur de se livrer un peu aux inspirations de son génie. Les visages, il est vrai, n'ont rien d'idéal, comme ceux des statues grecques; cependant il ne faut pas croire pour cela qu'ils soient entièrement dépourvus de beauté : copiés, à ce qu'il paraît, sur la nature, ils se distinguent surtout par la grâce; passez-moi l'expression, ils sont plutôt jolis que beaux, et l'on trouvera difficilement des traits plus agréables. La bouche des têtes égyptiennes est charmante; les lèvres en sont un peu épaisses et relevées aux angles, mais elles sont souriantes, pleines de mollesse et de volupté, et expriment à la fois la douceur et une joie mêlée de tristesse : les yeux sont grands, taillés en amande, à moitié fermés et relevés vers les tempes; le nez petit et légèrement retroussé; les joues un peu saillantes.

J'ai presque toujours remarqué que, dans les bas-reliefs, le dessin des animaux est pur, hardi et correct. Les sphinx sont exécutés avec la plus rare perfection. Quant à la perspective, les Égyptiens paraissent n'en avoir eu aucune idée; pour y suppléer, ils ont ordinairement représenté dans leurs tableaux toutes les figures marchant à la suite les unes des autres et, en général, vues de profil : ce défaut est racheté par la naïveté et la chaleur qui règnent dans la composition. On y observe que le personnage principal, le dieu ou le héros, est dépeint d'une manière colossale et tout-à-fait en disproportion avec les autres figures du même sujet. L'inspection des bas-reliefs m'a frappé aussi sous un autre rapport. Les vêtemens des personnages sont fort souvent semblables à ceux des paysans de l'Égypte moderne; les ustensiles dont ils se servent aujourd'hui sont presque pareils, quant à la forme, à ceux des anciens.

Le travail mécanique du sculpteur égyptien était admirable, je vois journellement à Thèbes des tableaux exécutés en relief au fond d'un contour creusé; les arêtes en ont conservé le fini le plus précieux; le granit indestructible de Syène, dans lequel ils sont taillés, est poli comme le marbre le serait de nos jours. Les hiéroglyphes sont sculptés, soit de la même manière, soit simplement en relief, soit, enfin, en creux, mais sans relief intérieur. La salle non achevée du tombeau de Byban-el-Molouk fournit des indications précieuses sur la manière dont les sculpteurs procédaient dans leurs ouvrages; elles s'accordent parfaitement avec les données que Strabon et Hérodote nous ont transmises à cet égard. Un peintre venait dessiner en rouge sur la pierre déjà polie le contour des objets et des personnages que le bas-relief ou les hiéroglyphes devaient représenter; une main plus exercée corrigeait ce premier travail et employait une couleur noire à cet effet:

c'est à ce point qu'en est restée la salle du tombeau.
Le sculpteur travaillait en entaille, en demi-relief
ou en plein relief; le peintre finissait le tableau en
appliquant des teintes plates sur les objets représentés. De même que la sculpture, la peinture des
Égyptiens ne peut être considérée que comme un
des ornemens de leur architecture; ils n'avaient
aucune idée d'ombre ni de lumière; cependant je
dois vous faire observer que leurs couleurs, exposées à l'air depuis trois ou quatre mille ans, l'emportent quelquefois en éclat sur les nôtres, et qu'ils
possédaient au suprême degré l'art de les marier
ensemble, sans en laisser prédominer aucune; au
milieu d'une foule de teintes variées, l'œil n'aperçoit aucun papillotage. Les chairs humaines sont
constamment peintes en rouge ou en jaune.

Un des arts dans lesquels les Égyptiens ont ex-
cellé, est celui de l'embaumement. Les deux auteurs
anciens que je vous ai nommés ci-dessus, donnent
des notions sur la manière dont on procédait à
la préparation des momies. Suivant leur rapport,
les Égyptiens, croyant qu'après un laps de plusieurs
milliers d'années les ames reviendraient habiter leurs
corps, cherchaient à mettre les cadavres en état de
résister aux ravages du temps durant cet intervalle.
D'ailleurs la conservation du corps de leurs ancêtres était pour eux un devoir sacré, ils la préfé-
raient à une représentation de ses traits; l'orgueil

de famille y était attaché. Hérodote rapporte qu'il y avait trois procédés pour faire les momies : l'un était employé pour l'embaumement des grands, le second pour celui des gens de la condition moyenne, le dernier pour celui des personnes de la dernière classe du peuple. La première manière, dit toujours cet auteur, consistait à vider la tête par le nez ; et l'intérieur du corps, au moyen d'une incision pratiquée au côté : on remplissait alors le cadavre d'odeurs et d'aromates divers ; on le couvrait de natron : soixante-dix jours après, on enlevait la couche de sel, on vidait de nouveau le corps, et l'on rendait le défunt à sa famille, après l'avoir entouré de bandelettes. Les parens l'enfermaient alors dans plusieurs boîtes ou cercueils à forme de momie, dont le premier était ordinairement en carton et adhérent au corps ; les autres, qui s'ouvraient facilement, étaient en bois de sycomore ciselé, peint, quelquefois même doré et couvert d'hiéroglyphes : la momie ainsi arrangée se plaçait dans le puits du caveau de famille. Le second procédé consistait à remplir la tête et le corps d'aromates : on couvrait également le mort de natron pendant soixante-dix jours ; on l'enlevait après cet intervalle, et on vidait l'intérieur en retirant les aromates, qui, pendant ce temps, avaient rongé les intestins et la cervelle. Lorsque l'embaumement se faisait d'après la troisième manière, ainsi que nous l'apprend encore Hérodote, le corps et la tête étaient également remplis d'aromates et couverts de natron pendant soixante-dix jours; ce temps écoulé, le cadavre était rendu sans qu'on le vidât : les diverses substances qu'il renfermait rongeaient peu à peu les chairs et laissaient intacts les os et la peau. Je ne sais si les procédés indiqués par Hérodote sont absolument ceux qui étaient suivis; je vous donnerai ci-après le détail de l'ouverture d'une momie faite par ordre de M. Salt, consul général d'Angleterre; vous jugerez par là du degré d'exactitude de l'auteur ancien. En tout cas, on pourrait faire un grand nombre de distinctions, outre celles qu'il a établies. Par exemple, les belles momies sont tantôt à un, tantôt à plusieurs cercueils : les dernières contiennent très-rarement du papyrus; on en trouve fréquemment dans les premières, ce qui semble prouver que les personnes assez riches pour que l'on pût mettre plus d'un cercueil à leurs momies, faisaient écrire sur ces caisses la biographie du mort, tandis que les personnes d'une fortune moins considérable employaient au même usage un rouleau de papyrus plus ou moins volumineux, qui ensuite était placé sur la momie. Celle que M. Salt fit ouvrir était du sexe masculin; elle était renfermée dans un premier cercueil en bois de sycomore et dans une enveloppe de carton parfaitement conservée, décorée d'une rangée d'hiéroglyphes, de plusieurs figures symboliques

et d'autres ornemens, dont les couleurs avaient encore une transparence et un éclat extraordinaire.
A l'enveloppe de carton succédaient des bandelettes,
qui d'abord enveloppaient le corps en général, puis
chaque membre en particulier, et déguisaient la mai-
greur du cadavre. Lorsque le corps fut dépouillé, on
vit qu'il était resté intact ; il conservait encore ses
dents : des linges étaient placés dans la cavité de ses
yeux ; il avait sur la bouche une plaque de métal ;
et de grands morceaux de bitume transparent étaient
répandus sur les diverses parties du corps : la tête,
le ventre, la poitrine et l'estomac étaient vides et
contenaient également des morceaux de bitume
dont le plus gros était du poids d'une livre et demie.
M. Salt reconnut que le corps, après avoir été desséché par le natron, conformément au procédé que
rapporte Hérodote, avait été plongé dans du bitume
liquide, qui en avait pénétré toutes les parties. Il me
parla également des momies des prêtres anciens ; elles
étaient arrangées d'une manière particulière. Les bandelettes de toile blanche et rouge qui les couvrent,
se croisent en losange et forment un dessin régulier :
chaque partie du corps est revêtue de son enveloppe
à part ; les bras de ces momies, croisés sur la poitrine, sont ornés de bracelets ; à leurs pieds on voit
des sandales peintes avec beaucoup de soin.

J'ai observé avant-hier à Qournah une momie
de femme qui venait d'être déterrée ; elle différait de

toutes celles que j'avais vues auparavant. Couchée sur une planche, sans autre enveloppe que ses bandelettes, elle portait sur la poitrine deux petites cymbales en cuivre ; une guirlande, composée de branches d'une espèce de mimosa, entourait sa tête. Le couvercle de la momie se posait sur la planche du fond; il avait, à très-peu de chose près, la forme de nos cercueils modernes, était peint en jaune vif et orné d'hiéroglyphes en couleur noire. Auprès de la boîte on avait trouvé une caisse divisée en quatre compartimens et contenant autant de vases funéraires en albâtre, un panier rempli de pain et de raisins, et des idoles en bois et en terre cuite.

On voit souvent des tombeaux fort vastes [1], destinés uniquement aux momies d'ibis, de chats, de bœufs, de chakals, etc. Les momies de chats sont soigneusement enveloppées de bandelettes et ont la forme d'un enfant au maillot; un masque de carton, fait avec beaucoup de soin et représentant une tête de chat, couvre celle de l'animal. Dans les momies de bœufs, on retrouve les os, la tête et les cornes soigneusement enveloppés dans de la toile; les yeux sont figurés sur celle qui couvre la tête : une tache, signe distinctif du dieu Apis, est peinte auprès des cornes, qu'entourent des bandelettes. Le chakal

---

1 J'ai eu occasion de parler de ces tombeaux dans ma lettre 36.ᵉ

est enveloppé comme le chat; la forme de la tête est également bien conservée. En dégageant les momies d'ibis des toiles qui les entourent, on les voit dans la position de volailles prêtes à être rôties.

L'inspection des hypogées nous donne, ainsi que je vous l'ai dit, les notions les plus exactes sur le développement de la civilisation de l'Égypte ancienne. Les scènes qui y sont représentées prouvent une grande perfection dans tous les arts mécaniques. Les dorures et les couleurs indiquent des connaissances étendues en chimie; les peintures qui retracent des danses et des harpes déjà très-perfectionnées, démontrent que les arts d'agrément étaient cultivés avec succès chez les Égyptiens, et prouvent en même temps, par les poses des personnages, que le dessinateur savait donner du mouvement à ses figures et les représenter vues autrement qu'en profil. Il ne m'appartient pas de parler des progrès que les Égyptiens avaient faits en astronomie et dans les sciences exactes, mais, je le répète encore, une foule d'objets qui s'offrent ici à mes yeux sont des preuves incontestables d'un développement avancé et de connaissances aussi variées que profondes. On ne remarque point, dans les grands monumens de ce pays, d'arches construites comme elles le sont aujourd'hui : on en a conclu que l'art de les bâtir était ignoré des Égyptiens; cependant on voit à Thèbes, derrière Qournah, des arches en briques, et sur les parties qui les composent on observe les noms de plusieurs rois anciens. Des savans ont pensé que ces constructions pouvaient avoir été élevées beaucoup plus tard, et qu'on avait employé à cet effet les matériaux répandus en abondance sur cette terre classique de la civilisation. Cependant une découverte intéressante, faite ici il y a quelques semaines, paraît démontrer le contraire : on vient d'ouvrir dans la chaîne libyque un tombeau dont les diverses parties offrent l'empreinte de la plus haute antiquité; ce qu'il renferme semble indiquer que jamais il n'a été ouvert. Le fond en est occupé par une arche parfaitement construite, dont les briques portent le nom d'un Pharaon antérieur à la guerre de Troie. Je serais donc disposé à croire que, si les Égyptiens n'ont pas employé les arches dans leurs palais et leurs temples, c'est parce qu'elles ne cadraient pas avec le genre d'architecture qu'ils avaient adopté, et que d'ailleurs ce peuple, dans les ouvrages duquel est empreint au plus haut degré le caractère de la solidité, rejetait un genre de bâtisse qui, quelque bien fait qu'il soit, doit finir par s'affaisser sous son propre poids, et porte en lui-même un germe de destruction.

Je suis, etc.

LETTRE XLVII.

Assouan,

C'est avec regret que nous avons quitté la ville aux cent portes : si, d'un côté, le spectacle de la misère et de l'abrutissement de l'espèce humaine m'y faisait éprouver des sensations pénibles, la vue des grands objets dont j'étais entouré me procurait, d'une autre part, les plus douces jouissances. Une heure et demie après notre embarquement, nous abordâmes auprès d'Erment, village qui a remplacé l'antique Hermontis. Les ruines d'un ancien temple couvrent une hauteur voisine ; les colonnes du pé-ristyle de l'édifice, et le temple proprement dit, qui se compose d'une grande pièce, et d'un très-petit sanctuaire, sont encore debout[1]; mais les construc-tions qui précèdent le bâtiment principal sont en-tièrement ruinées. Le *Pronaos* n'a jamais été achevé; les chapiteaux des colonnes y sont simplement dé-

---

[1] On entre dans le sanctuaire par une porte étroite, pra-tiquée vers l'angle de droite de la grande pièce.

grossis [1]. A côté du temple, dans la direction Est, est un grand bassin carré antique, assez bien conservé, destiné jadis à recevoir les eaux du Nil; on y descend au moyen de quatre escaliers. Un autre escalier conduit du bassin à une espèce de plateforme éboulée ; dans le réservoir existait, à ce qu'on croit, une colonne servant de nilomètre : on n'en aperçoit aucun vestige. Nous continuâmes à nous diriger vers le Midi, un vent favorable nous poussait avec rapidité, et bientôt nous nous arrêtâmes en face des rochers nommés Gebleyn. Le fleuve, ayant miné la base de la chaîne libyque, y a causé un éboulement; la montagne qui domine le rivage semble s'être déchirée avec effort, et forme deux énormes pointes de rocher : un Santon fort révéré, et auquel la crédulité des Arabes attribue une foule de miracles, a son tombeau au pied de ces masses arides. Laissant sur le rivage Agfoun et plu-

---

1 Le temple d'Hermontis ne date pas d'une très-haute antiquité et paraît avoir été construit du temps des Romains. La paroi du fond de la petite pièce est occupée par un bas-relief représentant la naissance du dieu Harphré ; sur les autres murs de ce même appartement on a retracé son éducation, les douze heures du jour et les douze heures de la nuit. La grande salle est décorée de bas-reliefs dans lesquels on voit la présentation aux dieux de Harphré et de sa mère. Un cachef a établi son domicile dans le temple ; des murs de boue masquent et coupent en divers sens l'édifice antique.

sieurs autres villages, nous arrivâmes à Esné vingt heures après notre départ de Thèbes. Esné, l'antique *Latopolis*, est une des villes les plus considérables et les mieux bâties de la haute Égypte : les maisons y sont aussi misérables qu'à Syouth et à Girgeh; mais au moins les rues y sont plus larges. Nous nous arrêtâmes pour examiner le temple antique; jugez de ma douleur lorsque je vis que de tristes masures et un sale bazar cachent de toutes parts le beau portique de cet édifice : il a été converti en magasin de coton. On a élevé des murs de brique entre ses colonnes; je n'aperçus plus que quelques restes des hiéroglyphes et des bas-reliefs qui le décoraient à l'extérieur; les autres ont été couverts d'une couche de boue : les habitans du lieu approuvent fort ce vandalisme, parce que, disent-ils, cela a donné au bâtiment une apparence moderne. Mécontent et découragé, je m'approchai de l'entrée; la porte en était fermée, et, malgré la promesse d'un baccis, l'impitoyable gardien qui en avait la clef refusa obstinément de m'ouvrir, disant d'un air stupide que les acheteurs de coton et les fournisseurs du pacha étaient seuls autorisés à pénétrer dans l'intérieur du *magasin*, et que, comme je n'avais l'intention ni d'acheter ni de vendre, il ne pouvait m'y laisser entrer. Je regardais dans le temple à travers les fentes d'une mauvaise porte construite en planches mal jointes, lorsque

heureusement arriva un cavas du gouverneur de
la ville pour nous engager, de sa part, à lui faire
une visite. Dès-lors tout devint facile; après nous
avoir servi des rafraîchissemens et nous avoir fait
don de provisions assez considérables pour notre
voyage, le dignitaire nous fit ouvrir le portique : il
ressemble, quant à la forme, à celui du grand temple de Denderah : il est moins vaste, moins noble,
mais plus élégant peut-être : dix-huit colonnes à
chapiteaux divers et évasés en soutiennent le plafond. La variété de ces chapiteaux ne nuit point à
l'harmonie de l'ensemble; le lotus, le palmier, le
jonc et d'autres productions du règne végétal propres à l'Égypte, ont servi de modèles à leurs ornemens. Les bas-reliefs et les hiéroglyphes, qui couvrent les murs intérieurs de l'édifice, sont d'une
exécution très-soignée, quoiqu'en général d'un
mauvais style, ainsi qu'à Tentyre : on n'en voit plus
que la moindre partie, il me fallut un peu de temps
pour juger de ce péristyle; des murs d'entre-colonnemens modernes et de grosses balles de coton
m'empêchaient de le bien saisir. [1]

Traversant alors le Nil, nous allâmes visiter l'édi-

---

[1] D'après l'opinion de plusieurs savans, le fond du pronaos
de ce temple en est la partie la plus ancienne ; mais le portique lui-même paraît dater du temps des empereurs romains.
On croit que c'est un des monumens les plus modernes de
l'Égypte.

fice de *Contra-Latopolis*, bâti sur la rive orientale du fleuve ; il est petit, très-détérioré et peu élégant : quatre colonnes, dont les chapiteaux sont à tête d'Isis, forment le devant de son portique.

Au moment où nous sortions de ce temple pour nous rembarquer, des almées de la dernière classe vinrent danser à côté de notre bateau. L'extrême indécence de leurs mouvemens et la musique barbare dont elles les accompagnaient, m'impatientèrent vivement, je leur enjoignis de s'éloigner ; aussitôt elles firent quelques gestes singuliers en maudissant notre cange : je vis nos bateliers découragés se rasseoir sans disposer rien de ce qui était nécessaire pour partir, dans la persuasion où ils étaient, que le bateau étant ensorcelé à sa place, il serait impossible de le faire bouger ; aussi ils n'y songèrent même pas et se contentèrent de gémir en croisant les bras, en invoquant Dieu, le prophète et tous les santons du voisinage. Je n'essayai pas de disputer avec eux, sachant que cela n'eût servi à rien, et qu'une discussion les eût rendus plus tenaces encore dans leur opinion ; mais je me rappelai à propos que les Francs ont parmi les fellahs arabes la réputation d'être de puissans magiciens. Je me contentai de dire au reiss « ignores-tu que j'en « sais plus long que ces femmes ? fais ce que je « vais ordonner et tu verras. » Aussitôt chacun est à son poste : on prend les rames, je fais semblant d'écrire quelques mots, je donne le signal, la brise du Nord, qui gonfle nos grandes voiles latines, nous fait partir comme une flèche, et tous les gens de l'équipage de s'étonner et d'admirer le pouvoir du Khauadjï.[1]

Le reiss ne laissa pas échapper l'occasion de placer une petite anecdote, et raconta à son auditoire émerveillé que, l'année précédente, un de ses parens était reiss d'un voyageur anglais; les rats et les souris pullulaient dans la cange, dit-il, mais l'Inguilis, qui était très-savant, écrivit sur une feuille blanche et plaça un couteau auprès du mât; aussitôt tous ces animaux malfaisans vinrent d'eux-mêmes s'y couper le cou.

Les rives du Nil sont fort riantes après Esné; de grands tapis de verdure et des forêts de palmiers s'étendent à perte de vue. Nous nous arrêtâmes pendant une heure aux ruines d'Éléthya (El-Kab), sur le rivage oriental; elles n'offrent plus rien d'intéressant[2] : les Arabes du lieu vinrent nous vendre du beurre, du lait et des antiquités; j'achetai à l'un d'eux une tête en marbre blanc, d'un beau travail et fort bien conservée. Nous visitâmes,

---

1 Nom qu'on donne ici aux voyageurs d'une classe relevée, et qui signifie proprement négociant.

2 Les deux temples qui y existaient ont été démolis ; leurs restes ont été employés comme matériaux de constructions modernes.

sur le rivage opposé, les ruines d'Hiéraconpolis : on n'y voit plus que des monceaux de décombres, de briques, de granit et de grès; les restes d'une grande porte, qui doit avoir appartenu à un temple, sont la seule chose reconnaissable au milieu des débris de cette ville. Au nord-ouest d'Hiéraconpolis s'élève le village de Mahammérieh, qui renferme une petite pyramide, la dernière de l'É-gypte; elle est peu élevée et ressemble aux plus détériorées de celles de Ssakarah. Trois heures après avoir examiné ces antiquités, nous abordâmes à Edfou ou *Apollinopolis magna :* trente-quatre heures s'étaient écoulées depuis notre départ d'Esné.

Du plus loin qu'on aperçoit les ruines de la grande ville d'Apollon, elles semblent une citadelle im-mense, destinée à dominer le pays. Ayant débarqué, nous marchâmes pendant un grand quart-d'heure dans des landes desséchées : la rue principale d'un misérable village nous conduisit à l'entrée du temple. Quelque habitué que je sois, depuis mon départ du Caire, à voir des constructions qui tiennent du pro-dige, le temple d'Apollinopolis m'a vivement étonné : il est, après Karnak, le monument le plus vaste de l'Égypte; sa conservation même prouve qu'il ne date pas d'une antiquité très-reculée; ses sculptures, aussi faibles que celles d'Esné, indiquent qu'il fut construit à l'époque de la décadence des arts en Égypte : il se compose d'une immense enceinte gé-

nérale, que surmonte une large corniche, d'un pylone, le plus élevé de l'Égypte, d'un péristyle découvert au milieu, entouré d'une galerie couverte,
soutenue par trente-huit colonnes à chapiteaux variés, et d'un portique à dix-huit colonnes, après
lequel viennent deux grandes salles et un sanctuaire.
Toutes les parties de ce gigantesque édifice sont
ornées de sculptures : l'intérieur du pylone contient divers escaliers et cellules; les salles, placées
derrière le portique, sont tellement obstruées de
terre et de décombres, qu'on n'y pénètre qu'en se
traînant à plat ventre. Un village arabe est construit sur les combles du temple : en voyant ce
monument habité aujourd'hui par des hommes à
moitié sauvages, dont les demeures sont accolées,
comme autant de nids de guêpes, à des constructions d'un travail si précieux, on sent plus vivement que jamais la différence entre l'Égypte actuelle
et l'Égypte d'autrefois. Au reste, les habitans d'Edfou
ont l'air de fort bonnes gens; nous les trouvâmes
réunis dans le grand péristyle carré qui leur sert de
magasin de grains : ils s'approchèrent aussitôt de
nous, et nous apportèrent des scarabées, des amulettes, des médailles et de petites lampes, dont les
unes me parurent romaines; les autres, décorées
d'une croix, datent sans doute des temps où le
christianisme s'introduisit en Égypte. Au milieu de
ces objets de peu de valeur, je distinguai une lampe

représentant Typhon, parfaitement intacte et bien travaillée; je l'achetai pour une piastre et demie (douze sous). Je suis charmé quand je puis me procurer des antiquités de ce genre; mais je vous déclare que mon respect religieux pour les monumens et les momies ne me permet pas de les dépouiller, comme d'autres l'ont fait: sous ce rapport les Turcs ont été moins vandales que nous, et je me rappelle un propos que plusieurs de nos amis ont entendu tenir à Mehemed-Ali, au moment où il arriva aux ruines de Qournah; voyant une foule de débris de momies répandus sur le sol, il s'écria avec colère: « ces corps n'ont-ils pas été « des hommes comme nous? On ne songe qu'à « former des collections, et on jette sans respect « des ossemens humains, qui deviennent la proie « des animaux: qu'on couvre de sable tous ces débris. »

Les figures qui décorent le pylone d'Edfou sont colossales. Au sud du temple et à très-petite distance, sont les ruines d'un autre édifice, jadis consacré à Typhon. Il est petit et très-ensablé; mais les décorations en sont nombreuses. Des débris de constructions et une colonne enterrée jusqu'au chapiteau indiquent qu'un portique précédait ce temple; les dalles qui surmontent les colonnes du sanctuaire, présentent sur leurs quatre faces la figure de Typhon; les bas-reliefs intérieurs ont rapport à la lutte de la déesse Isis avec le mauvais génie. Au-delà du Typhonium est un autre petit temple, tout-à-fait détérioré; il paraît qu'une allée de sphinx conduisait de ce point à l'édifice principal : on en aperçoit les vestiges; quelques-uns des sphinx existent même encore au milieu de bâtisses modernes; ils sont à tête humaine.

La vallée du Nil s'élargit au-delà d'Edfou; mais le fleuve lui-même est beaucoup plus étroit qu'auprès de Thèbes : deux lieues plus loin, l'aspect du pays change de nouveau; les montagnes se rapprochent, et, au lieu de montrer, comme auparavant, de grandes masses, elles sont couvertes de débris graniteux; enfin elles se resserrent tout-à-fait, plongent à pic dans le Nil, et l'on entre dans le passage de *Silsilis* (ou Selseleh), fameux par ses carrières. Ici les hauteurs environnantes reprennent leurs formes grandioses; partout on voit qu'elles ont été taillées, partout on reconnaît l'entrée de tombeaux : Selseleh est le lieu où une ancienne tradition rapporte que les Égyptiens tendaient une chaîne sur le Nil pour faire payer un tribut aux barques qui voulaient passer. Les carrières taillées dans les rochers libyques sont admirables : la pierre y est d'un grain très-beau; son intégrité permettait d'en détacher des blocs aussi gros qu'on le voulait, sans avoir à craindre de fentes ou de cassures. C'est à cela qu'on doit l'étonnante conservation des monumens égyptiens; à en juger par l'étendue des carrières, elles ont été exploitées pendant un grand nombre de siècles. Ce qu'il y a de curieux à Selseleh, c'est que ces carrières, après avoir été taillées, ont été elles-même décorées de monumens. Les rochers des deux rives sont couverts de petits portiques, de colonnades élégantes, de tableaux hiéroglyphiques, de tombeaux, parmi lesquels il en est de très-vastes, renfermant une foule de statues. Le stuc colorié est conservé dans un grand nombre de ces hypogées. Je m'arrêtai principalement à visiter un sépulcre dans lequel on entre au moyen de cinq portes : il se compose d'un long corridor et de quelques pièces, qui renferment, outre un grand nombre de tableaux hiéroglyphiés, une vingtaine de statues plus ou moins mutilées. Auprès de ce tombeau on en voit d'autres, moins vastes, contenant des figures représentées dans l'attitude de la douleur. Sortant du passage de *Selseleh*, nous fûmes le jour suivant, dans la matinée, à Koum-Ombou, situé sur le bord oriental du fleuve, auprès des belles ruines de l'antique ville d'Ombos, jadis capitale d'une province à laquelle elle donnait son nom. Le temple, où l'on révérait le Saturne égyptien à tête de crocodile, bâti sur une éminence qui domine le fleuve, est du plus bel effet, malgré les misérables huttes modernes qui l'obstruent; il a dû être d'une dimension énorme. Un portique à colonnes, tourné vers le Couchant, occupe le centre des débris; un môle, bâti sur le rivage du Nil, existait au Sud-Ouest de l'édifice. Un autre temple à colonnes, situé dans la direction Nord, était uni au môle par un parapet, et placé de manière à ce que le grand temple semblât être au milieu des deux autres constructions. Ayant peu de vent, il nous fallut cinquante-quatre heures pour aller de Koum-Ombou à Assouân, dernière ville de la haute Égypte; nous traversâmes, avant d'y arriver, le pays le plus riant. Les îles du Nil et ses rivages étaient constamment garnis de bois, où le palmier se mariait à d'autres arbres plus touffus; un gazon épais tapissait la terre; de distance en distance, quelques passages assez semblables à celui de Silsilis entrecoupaient ce gracieux paysage. La contrée que l'on parcourt pendant les trois dernières lieues qui précèdent Assouân, offre un aspect enchanteur : nulle part l'Égypte n'est mieux boisée qu'à son extrémité. La plupart de nos bateliers étaient nés à *Abourisch*, village qui n'est qu'à une demi-lieue au nord d'Assouân, sur la rive orientale : on les reconnut à notre passage; la population entière de la bourgade se porta sur la rive, en poussant des cris de joie frénétiques, et se mit à courir pour arriver en même temps que nous au lieu du débarquement : quelques femmes, embarrassées dans leur course par la longueur de leurs jupons, les rele-

vèrent sans façon, beaucoup plus haut que la décence ne le permettait. Nous arrivâmes à la ville,
ainsi accompagnés; je donnai aussitôt l'ordre de
faire monter notre barque au-dessus de la cataracte,
et je restai à Assouân avec lord Brabazon et un
Arabe que je viens de prendre à mon service, après
avoir lu les certificats que d'autres voyageurs européens lui ont délivrés.

Je suis, etc,

LETTRE XLVIII.

Isle Philæ.

Le village moderne d'Assouân est mieux construit que la plupart de ceux de la haute Égypte :
on a employé à le bâtir une partie des matériaux
de l'antique Syène.

Le paysage est ici de l'aspect le plus singulier :
sur la rive orientale s'élève Assouân ; les décombres de Syène sont du même côté sur une hauteur.
Auprès du rivage opposé, on aperçoit la verte
Éléphantine ; les montagnes de granit qui bornent
le Nil, se resserrant tout à coup, forment entre
cette île et la ville antique un défilé étroit, taillé à
pic, au milieu duquel le fleuve se précipite en
bouillonnant. Au-delà de ce défilé la nature offre
le spectacle du chaos ; des roches sont répandues
et entassées au milieu des ondes ; à leur base la
terre végétale s'est amoncelée et a donné naissance
à d'étroites lisières de verdure ; des constructions
ruinées paraissent sur la cime des montagnes. Je

m'embarquai aussitôt pour me rendre à l'île Éléphantine; nous nous arrêtâmes un moment à un
large plateau de rochers au milieu du fleuve. La
vue y est plus remarquable encore qu'à Assouân;
elle présente un développement plus étendu des
mêmes objets. Nous rencontrâmes dans l'île le
catcheff du lieu, mollement étendu sur de beaux
tapis, entouré d'une suite assez nombreuse; il
fumait son narguilè et se reposait à l'ombre des
charmans bosquets dont Éléphantine est couverte:
il affecta à notre égard les manières dignes à la
fois et bienveillantes d'un potentat qui veut bien
pour quelques instans descendre de la hauteur où
il s'est guindé. En le quittant, je ne pus m'empêcher
de sourire de son air superbe et théâtral; mon domestique Abdallah, qui s'en aperçut, me raconta que
l'orgueil de ce catcheff l'avait souvent déjà rendu
l'objet de la risée publique; que cependant une petite aventure, arrivée très-récemment, aurait dû l'en
corriger. L'autre jour, me dit-il, un homme, couvert simplement d'une chemise bleue arabe, se présenta chez le gouverneur, qui, le voyant ainsi vêtu,
ne l'invita ni à s'asseoir, ni à prendre la pipe et le
café; il s'en alla : le lendemain il revint portant une
chemise en soie, un cachemire sur la tête et un
autre en ceinture; aussitôt le catcheff lui offre une
place sur son divan et fait apporter des pipes : l'é-
tranger enveloppe soigneusement dans un bout de

sa chemise et de son schal le bouquin[1] d'ambre et
se met à fumer de la sorte. Le gouverneur s'étonne
de cette singularité, mais ne dit rien; le café arrive,
même cérémonie; l'inconnu y trempe sa chemise
et son schal: cette fois-ci, le catcheff n'y tient plus,
et lui demande la raison d'un aussi étrange procédé: « Hier tu ne m'as rien offert, lui dit l'autre,
« aujourd'hui tu me reçois bien; c'est donc à ma
« chemise et à mes cachemires que tu donnes la
« pipe et le café; je n'ai garde de les prendre pour
« moi, je rends l'honneur à qui il est dû. » Le catcheff fut très-mortifié de la réponse, et comme il
est Turc, par conséquent peu aimé des Arabes,
tout Assouân savait l'aventure une heure après. Ces
gens presque barbares ont un tact remarquable
pour saisir les ridicules, et n'en font jamais grâce
à leurs dominateurs: c'est plutôt par les idées et
les opinions qu'ils s'en rapprochent, que par le
caractère. Les Arabes sont bruyans, remuans, que-
relleurs, parlant tous à la fois, ne disant pas un
mot sans gesticuler. Les Turcs, au contraire, sont,
comme vous le savez, la tranquillité et le flegme
personnifiés.

Continuant notre promenade, nous rencontrâmes
différentes troupes de jeunes Barabras[2]; parmi les

______

1 Embouchure du tuyau de pipe.
2 Nom du peuple qui habite au-dessus des cataractes.

hommes, les uns étaient entièrement nus, les autres avaient de petits morceaux de toile qu'ils promenaient à volonté sur telle ou telle partie de leur corps, que dans le moment il leur prenait fantaisie de couvrir. Les filles, non encore nubiles, portaient des tabliers en lanières de cuir, taillées en franges et qui leur descendaient jusqu'au milieu des cuisses; à leur cou étaient des colliers en verre de couleur; elles avaient en outre de grandes boucles d'oreilles ornées de grains; leurs cheveux, divisés en une infinité de nattes, et enduits d'une graisse puante, leur pendaient autour de la tête. Après avoir laissé auprès du rivage des bosquets de palmiers et de belles plantations de dourrah, nous arrivâmes au plateau le plus élevé de l'île : ici tout est couvert de débris; sauf un groupe de dattiers, je ne vis plus de traces de végétation; j'aperçus les restes de Syène et de Contra-Syène sur les rives du Nil : l'île Éléphantine est entre les deux cités ruinées, avec lesquelles elle formait une même ville dans les temps antiques. Ce lieu rassemble les débris des genres d'architecture et des époques les plus divers; il renferme à la fois des restes de constructions égyptiennes, romaines, et arabes anciennes et modernes. Un temple intéressant, dont les voyageurs français ont donné la description et les dessins, existait presque intact à Éléphantine, il y a peu d'années encore; il est détruit aujourd'hui. Mahomet Kiahia-bey l'a fait démolir et en a pris les matériaux pour élever une construction nouvelle. On voit cependant, sur la partie la plus élevée de l'île, deux grands chambranles d'une porte, décorés d'hiéroglyphes ; je vous en envoie le dessin : les constructions que l'on aperçoit sur les hauteurs de l'Est, sont des ruines arabes. Cette esquisse peut vous donner une idée des singulières montagnes de granit qui avoisinent la première cataracte ; la chaleur épouvantable qui régnait tandis que je faisais mon aquarelle, avait en quelque sorte embrasé l'air ; une vapeur blanchâtre semblait voiler la nature. Je remarquai, vers l'Orient, quelques vestiges du petit édifice dont parle Denon : une galerie découverte existait le long du Nil ; le revêtement oriental d'Éléphantine est intact, ainsi que le grand escalier du nilomètre, qui descend jusque dans le fleuve. En quittant l'île, nous rentrâmes dans la petite barque que j'avais prise à Assouân, et nous nous dirigeâmes vers le sud-est, où sont les brisans auxquels on donne le nom de cataracte du Nil ; le fleuve s'échappe à travers un dédale de rochers et de blocs de granit noir, dont les aiguilles élancées atteignent souvent une prodigieuse hauteur ; la chute est très-peu sensible : on aperçoit à la vérité quelques petites cascades hautes de cinq ou six pouces ; mais rien ne répond à l'idée qu'on se fait dans nos pays d'une cataracte : on peut quelquefois, durant la grande crue du Nil, la remonter à la voile quand le vent est fort. Nous nous arrêtâmes à une barre de rochers, où finit ordinairement la navigation; ce que j'avais devant moi était plus sauvage encore que l'espace déjà parcouru. Les montagnes sont hérissées de pointes aiguës qui sont tantôt noires, tantôt d'un rouge foncé, et au milieu desquelles paraissent des espaces couverts de sable jaune : la surface entière du fleuve semble déchirée; quelques palmiers, quelques maisons en terre et couvertes en chaume sont accolés aux corniches étroites qui garnissent le Nil : l'œil, fatigué de la vue de l'espèce de chaos qui l'environne, s'y repose avec plaisir. Lorsque nous eûmes terminé quelques affaires à Assouân, nous partîmes à dromadaire pour nous rendre à Philæ; je n'avais point encore essayé de ces montures : on les fait agenouiller pour s'y placer, de même que lorsqu'on les charge. Quand le mien se releva, je fus d'abord un peu étourdi en me voyant perché sur le sommet de sa bosse; la distance du sol était considérable et rendait les chutes dangereuses : cependant j'y étais fort bien assis, et je partis au petit trot, en songeant à l'enfance du monde, aux patriarches, à leurs tentes et à leur vie pastorale; je me plaisais à suivre les mouvemens du grand cou d'autruche de mon dromadaire, tandis qu'il promenait ses regards autour de lui avec une indolente curiosité. La route que nous

suivions nous fit passer derrière la chaîne de montagnes qui borde la rive orientale du fleuve; elle est
sablonneuse et difficile : nous passâmes d'abord les
ruines de Syène; elles présentent de longues aiguilles
construites en briques; et s'étendent au loin sur les
hauteurs d'où les anciens Égyptiens ont tiré leurs
obélisques, leurs sarcophages, en un mot, cette
foule de constructions étonnantes que le temps lui-
même n'a pu détruire. Les restes d'une voûte antique, de longues murailles ruinées, des sculptures
commencées, des hiéroglyphes curieux taillés dans
les parois même du granit, contrastent avec les
débris modernes d'une église et d'un couvent chrétiens. Du reste, aucune trace de végétation ne s'offrait à nos regards : pendant trois lieues nous ne
vîmes que du sable et du granit; le singulier entas-
sement de ces matériaux frappe davantage, à mesure
qu'on avance : on est tenté de trouver la contrée
belle, à force de la trouver extraordinaire.

Enfin, au détour d'une montagne, nous vîmes
soudain devant nous le Nil et l'île d'Osiris, la délicieuse Philæ. Je crains de vous fatiguer en vous parlant encore de l'admiration que cette vue me fit
éprouver; mais la sublimité des monumens de la
haute Égypte inspire toujours l'enthousiasme,
quelque multipliés qu'ils soient. Des masses de granit, plus colossales que les précédentes, sont répandues de tous côtés et mettent obstacle au pas-

sage du fleuve, qui écume et bouillonne comme une mer furieuse; leurs pointes et leurs cônes majestueux semblent s'élever jusqu'au ciel, et se détachent sur l'azur le plus prononcé. Une verdure, dont aucun pinceau ne rendrait l'éclat, tranche sur ces roches noires; des palmiers bordent le Nil et balancent mollement leur long feuillage : l'île de Philæ s'élève majestueusement au centre des ondes, et montre au voyageur étonné ses portiques et ses colonnades en granit rose. Ces immenses et augustes ouvrages des hommes rivalisent pour ainsi dire avec les œuvres de la divinité.

Je rencontrai au bord du fleuve une petite barque dont le propriétaire me proposa de nous conduire à l'île. Quelques hommes, entièrement nus, nous servirent de mariniers; ils battaient l'eau de leurs rames et accompagnaient ce mouvement d'un chant plaintif et monotone.

Nous débarquâmes au nord de l'île, auprès d'un quai antique à poternes, qui se réunit aux grandes masses de granit dont la partie sud-ouest de Philæ est formée. Tournant l'extrémité nord, je suivis un mur d'enceinte antique; j'aperçus dans une vallée, sur le rivage opposé, un temple en ruines, dont le portique a quatre colonnes; j'entrai dans une longue cour, aux deux extrémités de laquelle sont de grands pylones; ses faces latérales présentent de longues colonnades, derrière lesquelles on voit, d'un côté, un appartement composé de deux portiques à cinq colonnes et de trois salles, de l'autre, une suite de petites cellules. Le pylone que j'avais à ma gauche me conduisit à un péristyle magnifique, couvert au fond et sur les côtés, découvert au milieu, soutenu par huit pilastres et dix colonnes, dont les chapiteaux élégans et variés présentent une fraîcheur de couleur inouïe. Au fond de ce péristyle sont quatre chambres couvertes, placées les unes derrière les autres, et dont chacune en a deux latérales, de sorte que l'ensemble forme douze pièces placées sur quatre rangées ; les trois dernières sont les plus profondes. Elles sont toutes obscures, élevées et couvertes d'ornemens.

Retournant sur mes pas, je dépassai le pylone de la cour à colonnes, et j'entrai dans une seconde cour, longue de cent dix pas; ses deux faces latérales sont terminées par de grandes galeries couvertes, que soutiennent des colonnes à chapiteaux évasés. La galerie, que l'on voit à gauche du pylone en entrant, sert de corridor à une quantité de cellules carrées, et est précédée d'un temple composé de deux pièces ornées de sculptures complétement achevées. La galerie de droite est fermée par un mur, à l'extérieur duquel s'avance un parapet, bâti le long du fleuve. Au bout de la cour dont je viens de vous parler, est un temple rectangulaire, entouré de colonnes que surmonte une corniche; des murs d'entre-colonnement s'élèvent au tiers de leur hauteur. Des hiéroglyphes, de nombreux bas-reliefs, en général d'une très-mauvaise sculpture, mais dont les couleurs sont à peu près intactes, décorent presque toutes les parties des édifices que nous avons parcourus. Les monumens se groupent d'une manière admirable et présentent à chaque pas un tableau neuf, dont la beauté fait presque oublier ceux qui le précèdent. Après avoir longé le rocher pittoresque du Sud-Ouest, nous arrivâmes à un monument rectangulaire : il a cinq colonnes latérales et quatre de face; elles sont réunies par des murs d'entre - colonnement, qui s'élèvent à peu près à la moitié de leur hauteur, et soutiennent une corniche sans plafond. On y entre par deux portes dépourvues de sommiers : les chapiteaux y sont variés et élégans. Un petit sanctuaire, placé entre deux portiques à deux colonnes, est à petite distance du monument dont je viens de vous parler. A quelques pas de là, on en voit un autre, presque écrasé sous les ruines.

L'île de Philæ renferme encore quelques décombres entièrement mutilés, une muraille précédée de pilastres doriques, une église grecque ruinée et une fabrique voûtée, qui paraît avoir servi de port. [1]

---

1 Les monumens de Philæ datent à peu près tous de l'époque grecque ou romaine. Les sculptures y indiquent la déca-

Philæ n'a guère que deux mille pieds de long et sept à huit cents de large : d'autres îles voisines sont plus étendues et plus arides; cependant quelques groupes de palmiers, un peu d'herbe et des buissons sont ici la seule verdure qu'on aperçoive. Les gens du pays y ont établi quatre ou cinq huttes; cette faible population nous reçut à merveille et nous offrit quelques antiquités de peu de valeur. Une vieille femme décrépite me prit en grande affection pendant le séjour que j'ai fait dans l'île d'Osyris : dès la première journée, elle me servit de Cicerone, ne permettant pas à l'Arabe Abdallah de remplir cette fonction, et m'adressant une foule de questions, qui avaient pour but de savoir comment il fallait s'y prendre pour extraire de l'or des pierres, et si c'étaient les Anglais ou les Français qui avaient bâti les temples de Philæ. Il faut, avant de finir ma lettre, que je vous raconte une naïveté d'Abdallah : il me voyait ce matin occupé à faire ma toilette auprès du rivage, j'avais ouvert mon entéri et relevé mes manches; il observa en silence la blancheur de mes bras et de ma poitrine, tandis que mes mains et mon visage sont très-noircis par le soleil. Voilà donc, me dit-

---

dence de l'art. Les rochers voisins de la cataracte abondent en inscriptions hiéroglyphiques qui remontent aux temps des Pharaons.

il, la peau de ton pays, et voilà qui devient celle
du nôtre : oui, lui répondis-je; mais quand je serai
chez moi, ma figure et mes mains reprendront leur
ancienne couleur. — Ah! s'il en est ainsi, je veux
m'en aller avec toi pour devenir blanc. — Cela
ne te servira à rien, un noir reste toujours noir.
La peau blanche te semble donc bien belle? —
Pas trop, repliqua-t-il, en secouant tristement la
tête; cependant il faut bien que ce soit beau, puisque nos maîtres sont comme cela.

En effet, les Turcs dominateurs du pays étant
blancs, les gens du peuple attachent à cette couleur
une idée de supériorité.

Je suis, etc.

LETTRE XLIX.

Du Nil, en basse Nubie.

Nous avons vu que l'Égypte, ravagée tour à tour par les Perses, les Romains, les Grecs, les Arabes et les Turcs, présente encore au voyageur les édifices les plus vastes et les plus remarquables; mais la science et le génie y sont éteints.

Le pays dans lequel vous allez entrer avec moi, nous offre un aussi grand nombre de monumens dignes de fixer l'attention. Je me bornerai à vous en donner la description générale accompagnée de quelques esquisses; je sais que l'ouvrage de M. Gau, sur les temples de la Nubie inférieure, paraît en ce moment : un voyageur français de mes amis, M. Linant, les a dessinés avec le plus grand soin. Ne vous attendez donc pas à trouver dans mes lettres un exposé de recherches scientifiques, je ne veux que vous envoyer le journal de mon voyage; je vous rapporterai ce que je vois, ce que j'entends, peut-être y remarquerez-vous quelques détails curieux : je désire uniquement qu'il vous donne une idée juste d'un pays intéressant et d'une nation qui, par ses mœurs, diffère si essentiellement de ce que vous êtes habitué à voir.

Notre barque avait heureusement remonté la cataracte, et nous attendait depuis plusieurs jours à Philæ : nous quittâmes l'île, une heure après le lever du soleil. Le Nil coule encaissé entre d'immenses rochers ; parfois ces murailles naturelles s'éloignent du fleuve, et laissent un petit espace libre, où sont des villages, dont les chétives huttes paraissent jetées au hasard au milieu de bois de palmiers et de plantations de dourrah. Nous nous arrêtâmes, dans l'après-midi, au temple de Deboud, le premier que l'on rencontre au-dessus de Philæ ; nous y passâmes la nuit sans être inquiétés par les habitans du village voisin, qui jadis étaient regardés comme les plus méchans de la basse Nubie. Le temple est précédé de trois propylées de forme pyramidale, dans les corniches desquels plane un globe ailé. Après les avoir traversés, on voit un péristyle à quatre colonnes enchâssées dans les murs jusqu'à mi-hauteur, et dont les chapiteaux sont évasés ; viennent ensuite deux pièces avec des cabinets latéraux et un sanctuaire. Au fond de la dernière pièce est un monolythe en granit rouge, figurant une niche et brisé en deux pièces qui se rajusteraient facilement ; elle en renfermait un second, beaucoup mieux conservé, qui a été emporté, il y a deux ans, par un voyageur anglais. Un mur épais et peu élevé entoure l'édifice : on croit qu'autrefois il a eu trois enceintes, dans chacune desquelles l'un des propylées était enchâssé. [1]

Je me rendis au hameau voisin pour demander aux habitans s'ils voulaient nous vendre quelques-unes de leurs armes. Abdallah nous servit de drogman ; celui que j'avais pris au Caire, ne sachant pas le nubien, ne pouvait nous être d'aucune utilité. Les gens du lieu nous apportèrent aussitôt leurs boucliers en peau d'hippopotame, leurs poignards à manche de bois noir et à gaîne de cuir rouge, leurs lances de bois armées de pointes en fer, venant du Sennaar et travaillées avec beaucoup de soin ; et pour nous apprendre la manière de s'en servir, ils se mirent à figurer quelques évolutions militaires, en poussant des cris sauvages. Nous achetâmes également quelques paniers tissus avec des feuilles de dattiers, quelques colliers et trois ou quatre petites figures antiques : enfin, une jeune fille détacha le tablier en franges de cuir qui composait son unique vêtement, et me proposa de l'acheter. Une fois le marché commencé, les gens de Deboud n'en voulaient plus finir, ils nous pro-

---

1 Le temple et les propylées de Deboud ne datent pas d'une antiquité reculée.

posèrent leurs hardes, leurs ustensiles; l'un d'eux
vint même m'offrir, moitié sérieusement, moitié en
riant, de lui acheter son fils : la troupe nous pour-
suivit jusqu'au rivage, nous nous jetâmes dans la
cange pour nous en débarrasser, et alors encore
un grand nombre d'entre eux se précipitèrent dans
l'eau, nageant d'une main, et nous montrant de
l'autre les objets qu'ils voulaient nous vendre.

A une demi-lieue de là, nous tuâmes quelques
pélicans; nos gens s'en régalèrent : j'en voulus goûter, mais une seule bouchée de cette chair huileuse
suffit pour me rendre malade pendant quatre heures.
Longeant les rochers dont les rives sont constamment hérissées, nous passâmes devant la petite île
de *Markos*, et arrivâmes à Kardâsch (ou Qartas)
dans l'après-midi. Des ruines y couvrent un espace
très-étendu, elles sont extrêmement détériorées; les
inscriptions figurées qu'elles renferment ont été
copiées soigneusement. Au nord des ruines, sur le
sommet d'un rocher, s'élève un petit portique découvert et élégant, soutenu par six colonnes, dont
quatre ont des chapiteaux évasés, composés de fleurs
et de feuilles de lotus; tandis que les dés carrés des
autres présentent, comme à Tentyre, quatre masques surmontés de temples monolythes. Ces deux
dernières colonnes sont plus élevées que les premières : des murs d'entre-colonnement, au-dessus
desquels se trouve une corniche, atteignent les

deux tiers de leur élévation totale : j'y aperçus des traces d'hiéroglyphes.

Une demi-heure plus tard, nous abordâmes à Teffah ou Taffah, l'antique Taphis. Un temple y existe au centre d'un village nubien ; il se compose d'un petit portique à forme de pyramide tronquée, soutenu par deux colonnes, derrière lesquelles sont d'antiques fondations ; et d'un second portique, situé au nord du premier, sans que leurs portes correspondent. Son entrée est tournée vers le Sud; le premier regarde l'Orient : le second n'est point décoré de sculptures ; mais sa forme est élégante : six colonnes à chapiteaux évasés le soutiennent; ses portes sont surmontées d'une triple corniche. Le reste du temple est très-ruiné ou encombré de huttes modernes.

C'est immédiatement après avoir quitté Teffah, qu'on entre dans le passage auquel les bateliers donnent le nom de cataracte de *Qalabscheh*. Sans former de chute, le Nil y est très-encaissé et très-rapide; de grandes masses de grès et de granit y plongent à pic des deux côtés. En naviguant ici, on se rappelle Silsilis ; mais si ce dernier lieu est plus remarquable sous le rapport de l'art, la nature est plus grandiose à Qalabscheh. Ce passage a quelque chose d'effrayant; le fleuve qui roule en mugissant, les roches noirâtres, le ciel brûlant, l'écho qui répète avec éclat jusqu'aux moindres sons ; ces phénomènes, quoique bien différens de ceux que présentent les hautes Alpes, inspirent à peu près les mêmes pensées et les mêmes émotions à ceux qui les contemplent.

Il nous fallut cinq heures pour arriver au village de Qalabscheh, l'antique Talmis, bâti sur le rivage occidental: de petites maisons construites en pierres informes, détachées des montagnes voisines, y entourent un monument très-considérable.

Nous montâmes d'abord à un petit temple taillé dans le roc vif, à mi-côte de la montagne, au nord de l'édifice principal. Quelques bâtisses en embarrassent l'accès: on arrive d'abord à une cour dont les parois du rocher déterminent l'enceinte; des sculptures intéressantes la décorent: on y remarque, d'un côté, une longue procession de peuples africains tributaires, venant apporter leurs offrandes à un roi dont, suivant l'ordinaire, la taille est colossale; les offrandes consistent en productions de la terre, animaux féroces, girafes, plumes, dents d'éléphans, etc. : les traits africains sont exprimés avec beaucoup d'art. Sur la paroi opposée est un guerrier traîné rapidement par des chevaux richement enharnachés, et écrasant sous les roues de son char une foule de vaincus. Trois portes, taillées dans le roc, mènent à une pièce assez grande, soutenue par deux colonnes polygonales, ornées de bandes hiéroglyphiées, et derrière lesquelles sont deux niches, contenant chacune trois statues assises: en face de la porte principale il en est une seconde, qui mène à un petit sanctuaire. En sortant de cette excavation, nous nous dirigeâmes vers le grand édifice placé au pied de la montagne ; des douns et des palmiers l'ombragent : nous passâmes sur un grand amas de décombres et à côté d'une carrière d'où ont été tirés les matériaux qui ont servi à la construction du temple. Ce monument est fort vaste ; une grande enceinte de murailles l'entoure ; il est précédé d'une plate-forme parfaitement conservée, qui conduit au fleuve et se termine par un escalier dont les eaux du Nil couvrent les dernières marches. L'entrée principale est tournée vers l'Orient, et mène à un péristyle découvert, au fond duquel sont six grandes colonnes à chapiteaux évasés ; des entre-colonnemens s'élèvent au tiers de leur hauteur ; une corniche très-élégante les surmonte : les deux colonnes du milieu contiennent une porte. Le fond de ce péristyle est encombré des débris de la partie supérieure du temple ; on les franchit difficilement, pour parvenir à trois salles couvertes de bas-reliefs colorés, qui représentent des divinités auxquelles des hommes apportent leurs offrandes. Le temple est, en général, très-ruiné, ce qui provient peut-être de ce que les matériaux dont on s'est servi pour l'élever sont beaucoup moins grands que ceux qu'on employait ordinairement dans les bâtisses égyptiennes. L'enceinte générale renferme encore plusieurs parapets et autres constructions très-mutilées; des ornemens décorent les parois extérieures du temple proprement dit : un bas-relief colossal à six figures, dont le sujet est religieux, couvre en entier le mur occidental de l'édifice. Quoique moins soigné dans son exécution que beaucoup d'autres, le temple de Qalabscheh me charma par sa position : adossé à la montagne, entouré de longues allées de palmiers, et placé exactement au bord du Nil, où l'on arrive par de larges marches, il produit un effet vraiment théâtral. Au moment où nous en sortions, notre drogman nous montra un crocodile long de vingt pieds au moins et endormi dans le sable; il l'ajusta, la balle frappa les écailles du monstre, qui se réveilla, fit un bond prodigieux et se précipita dans le fleuve.

J'avais donné la veille quelques piastres à de pauvres Barabras qui étaient venus me demander l'aumône; au moment où je voulais rentrer dans ma cange je les vis arriver portant du beurre, du lait et des dattes, qu'ils me prièrent de prendre comme un témoignage de leur reconnaissance : j'acceptai, et, après leur avoir fait encore la distribution de quelques pièces de monnaie, je partis comblé de remercîmens et de bénédictions.

Depuis que je suis en Nubie, je suis frappé

d'une singularité que j'observe vingt fois le jour : les hommes sont tous bien faits et assez beaux; les femmes, au contraire, sont vraiment hideuses; les jeunes filles ont déjà un air vieux et décrépit : on a de la peine à concevoir que ce soit le même sang, tant la différence est marquée. Les individus du sexe masculin sont maigres et musculeux; leurs yeux brillans, leurs traits assez fins, et leurs belles dents donnent beaucoup d'agrémens à leur figure. Les femmes n'ont aucun de ces avantages et ne ressemblent à leurs maris que par leur peau extrêmement basanée.

Nous employâmes cinq heures pour arriver au petit temple de Merouan : une muraille d'enceinte l'entoure; un propylée, semblable à ceux de Deboud, précède un portique à deux colonnes, qui mène à deux pièces intérieures et à un sanctuaire taillé dans le rocher contre lequel l'édifice est adossé. Ce monument est peu vaste, mais très-soigné et couvert de sculptures tant à l'intérieur qu'à l'extérieur. Je remarquai que les anciens ornemens ont été couverts de plâtre et peints à fresque à une époque postérieure; mais ce plâtre est tombé en presque-totalité, et les bas-reliefs antiques ont reparu intacts.

La vallée du Nil s'élargit après Merouan; aux rochers escarpés qui hérissent les bords du fleuve succèdent ici des plaines de sable bornées par des

montagnes de grès : on aperçoit assez fréquemment
les ruines d'édifices bâtis en briques. Nous arrivâmes, tard dans la soirée, au village de Kutschamle,
auprès duquel existe une construction antique peu
considérable, et qu'entoure une terre sablonneuse :
on voit de temps en temps quelques bouquets de
palmiers; nous nous y promenâmes fort avant dans
la nuit, et assistâmes, cachés derrière un groupe
d'arbres, au passage d'un troupeau de gazelles qui
allaient se désaltérer dans le Nil : nous en tuâmes
une; elle était de la taille d'un chevreau, de couleur fauve sur le dos, et blanche sous le ventre;
ses cornes étaient noires, longues et effilées. La
chair nous en parut excellente; son goût est à peu
près celui du chevreuil.

Le jour suivant, nous arrivâmes, deux heures
après le lever du soleil, à Deqqeh (Dakkeh), l'antique *Pselsis*, où est un temple de l'époque des
Lagides. Un grand pylone, long de soixante-dix
pieds, haut de quarante et large de quinze, le précède : cette masse ne présente d'autre ornement
qu'un globe ailé, enchâssé dans la corniche de la
porte. Les deux môles ont des entrées latérales
donnant sur celle du milieu, et au moyen desquelles on parvient à des cellules intérieures et
aux terrasses des propylées. Une cour, longue de
quinze pas, mène au péristyle du temple : deux
colonnes élégantes à chapiteaux évasés, engagées

jusqu'à mi-hauteur dans des murs d'entre-colonnement, au milieu desquelles est une porte, soutiennent le plafond de cette partie du temple. Derrière
le péristyle, sont deux salles et un sanctuaire ; leurs
portes sont surmontées de hautes corniches où
plane un globe ailé : les murs de ce monument sont
couverts à l'intérieur et à l'extérieur de bas-reliefs
extrêmement soignés, où sont représentés des objets religieux. Les figures des tableaux du sanctuaire
sont beaucoup plus grandes que celles des autres
appartemens. Cet édifice a été converti en magasin
de paille ; cependant les gens du voisinage me témoignèrent beaucoup de complaisance , et s'em-
pressèrent d'écarter ce qui pouvait me gêner,
tandis que je prenais l'esquisse du monument. A
une lieue au sud du temple, nous vîmes une forteresse bâtie en terre par les Arabes ; elle est en très-
mauvais état : nos rameurs lui donnèrent le nom
de Ghourtha, et nous assurèrent que les gens du
voisinage avaient jadis coutume de s'y renfermer
lorsque les habitans du désert venaient ravager le
pays.

Le désert doit avoir fait des empiétemens considérables dans la basse Nubie ; les temples, qu'on
rencontre à tout instant, prouvent une civilisation
avancée et une population nombreuse. Aujourd'hui
le pays, couvert de rochers et de sables, nourrit à
peine les peuplades sauvages et malheureuses qu'il

renferme. Les Barabrahs se plaignent beaucoup de la dureté du gouvernement égyptien à leur égard, et disent que les impôts dont ils sont accablés leur ôtent les moyens de pourvoir à leur subsistance. Plusieurs fois déjà j'ai eu l'occasion d'observer que ce qui m'a été dit au Caire est exactement conforme à la vérité : j'ai vu des villages entiers déserts, des moissons abandonnées; les habitans de ces hameaux ont fui, aimant mieux quitter leurs foyers que de rester soumis à une domination tyrannique. Deux heures plus tard, laissant vers l'Est l'île de Zerar, nous nous arrêtâmes un instant au petit édifice de Méharraqah, peu digne de fixer l'attention, et qu'on croit avoir été bâti pendant l'époque romaine.

La lisière de terrain qui sépare le Nil des montagnes au-dessus de Deqqeh, est trop élevée pour pouvoir être fertilisée par les irrigations; elle ne présente qu'un désert de sable qui s'écoule en cascades dans le fleuve : quelques dattiers et des acacias jaunes, autour desquels s'élèvent de misérables hameaux, en coupent la monotonie. Parfois on aperçoit les restes de chaussées en pierre qui s'avancent dans les eaux, et qu'on regarde comme des constructions antiques destinées à empêcher le courant d'entraîner la terre végétale. Les moindres coins de terre sont cultivés; les habitans n'ont pour se nourrir que leurs petites provisions de dattes, le lait de leurs troupeaux, un peu de dourrah et de

féves, qu'ils sèment aux endroits assez bas pour être
arrosés. Du reste, les productions du pays sont à
peu près les mêmes que celles de la basse Égypte,
mais moins abondantes : l'aspect de la Nubie, quoique plus sauvage, présente les mêmes scènes. A
très-peu de distance de Méharraqah, les rochers se
rapprochent du fleuve; des restes de murs et de
maisons indiquent l'emplacement où s'élevait jadis
un assez grand village. Plus on avance dans la zone
torride, et plus on est étonné de la singularité du
coloris de la nature. Au milieu du jour, l'intensité
de la chaleur donne une couleur blanchâtre au
paysage ; vers le soir et dans la matinée, au contraire, on remarque les teintes les plus tranchantes
placées les unes à côté des autres : les rochers sont
rouges ou noirs, la verdure prononcée, le sable
d'un jaune éclatant, les lointains d'un violet très-
foncé. Le peintre qui exprimerait fidèlement ce qu'il
voit, se ferait infailliblement accuser d'exagération.

Nous nous arrêtâmes dans la soirée auprès du
temple d'Ouffadoune ; carré long, tourné vers le
Sud : on monte, par de longues marches brisées,
dans un péristyle soutenu par quatorze colonnes
à chapiteaux variés, dont la plupart paraissent
n'avoir été que dégrossies : des débris de peintures
indiquent que ce temple a été converti postérieurement en église chrétienne ; j'y vis entre autres une
figure grossièrement travaillée, tenant un livre ou-

vert, et qui paraît représenter S. Jean l'évangéliste.
L'escalier tournant, qui existe à l'un des angles de
l'édifice, est le seul de cette espèce que j'aie trouvé
dans les monumens antiques de l'Égypte et de la
Nubie. Les murs extérieurs sont fort ruinés, ainsi
qu'une petite bâtisse placée à l'est de l'édifice principal, et où nous vîmes les bas-reliefs les plus singuliers : au milieu de figures qui semblent représenter des personnages de l'Écriture sainte, est la
déesse Isis avec tous ses attributs.

Le vent nous quitta presque entièrement au moment où nous sortîmes du temple, et la chaleur
devint véritablement insupportable (42 ¼ degrés
Réaumur). Les rochers qui hérissent le rivage font
de cette partie de la Nubie une espèce de fournaise; nos effets étaient brûlans au toucher : je me
retirai au fond de notre cabine, dans un état d'ac-
cablement inexprimable, souffrant de maux de tête
affreux; vainement mon compagnon chercha à me
distraire de mes souffrances, en me montrant deux
petites ruines antiques qui s'élevaient sur le rivage
occidental; la violence du mal me permit à peine
d'ouvrir les yeux. La soirée m'apporta quelque sou-
lagement; et, me sentant mieux, je repris courage
au moment où nous abordâmes auprès du temple
de *Séboa* (ou Seboua). Nous nous y rendîmes en
traversant une plaine de sable dans laquelle on en-
fonçait jusqu'à la cheville du pied; une allée de

sphinx, précédée et terminée par deux statues colossales, représentées debout dans l'attitude d'une
personne qui marche, et ensevelies jusqu'à mi-
jambe, conduit à un pylone bâti en grès. Traversant le portique, on entre dans un péristyle carré,
découvert, qui est aussi fort ensablé et dont les
deux galeries latérales sont couvertes et soutenues
chacune par cinq piliers cariathides. Les colosses,
qui y sont adossés, ont à peu près la figure de
ceux de Kassar-el-Kaki à Thèbes. Le temple proprement dit est taillé dans le roc contre lequel
le péristyle est adossé ; M. Salt, qui l'avait fait dé-
blayer lors de son voyage en Nubie, y a vu des
bas-reliefs peints, d'une grande beauté : je voulus y
pénétrer, mais des monceaux de sable se sont de
nouveau accumulés à son entrée, et après quelques
essais infructueux, je fus obligé de renoncer à le
voir ; je fis quelques dessins et regagnai ma barque.
Une troupe de femmes, établie au bord du Nil, y
lavait du linge, elles le trempaient dans l'eau à trois
reprises ; l'une d'elles donna alors le signal et commença à chanter, les autres unirent leurs voix à la
sienne ; en même temps elles faisaient quelques pas
et des sauts prodigieux, en retombant toujours avec
leurs pieds sur le linge : rien de plus comique que
cette danse. Je remarquai, en longeant le Nil, une
quantité d'animaux amphibies, longs de deux à trois
pieds, et dont la forme est absolument celle du

crocodile; ils ne sont point dangereux : nos bateliers leur donnaient le nom d'*ouaran*, et procla-
maient, comme article de foi, que ces quadrupèdes
étaient le produit du dernier œuf d'une nichée de
crocodiles, et qu'en chantant en mesure, on pouvait à volonté les faire nager en avant ou à recu-
lons : pour me le prouver, ils se mirent à chanter
tous à la fois à tue-tête; cependant l'ouaran qu'on
voyait dans le moment ne se detournait pas dans
sa course ; le reiss déclara finalement que, pour
les empêcher d'avoir raison, j'étais parvenu à détruire l'effet de leurs chants par quelques moyens
surnaturels. Le temps continua à nous être contraire; nous fîmes à peine un quart de lieue par
heure, rencontrant de temps en temps une barque
chargée d'esclaves et venant du Dongolah ou du
Sennaar : du reste, le mouvement qui règne sur le
Nil en Égypte cesse ici entièrement, et au lieu de
ces canges nombreuses, on voit quelques hommes
traverser le fleuve à la nage ou assis à califour-
chon sur une pièce de bois. Arrivés à un petit
village bâti sur la rive orientale, à une lieue au-
dessus de Séboua, la brise tomba tout-à-fait :
nous nous décidâmes alors à continuer notre
voyage par terre ; un chamelier du village nous
loua quatre chameaux; malheureusement il n'avait
pas de dromadaires : nous résolûmes d'emmener
avec nous Abdallah et le drogman, et de laisser

avec la barque nos autres serviteurs. J'ordonnai au reiss de profiter du premier vent favorable pour nous suivre sur le Nil : un paysan nous vendit deux boucs, dont nous fîmes don à l'équipage avant notre départ : on en tua un sur-le-champ, et à ma grande surprise je vis les rameurs manger ses entrailles sanglantes, en faisant force grimaces, pour me prouver que ce mets leur paraissait délicieux, et m'engager à en prendre aussi ma part.

Je suis, etc.

LETTRE L.

Derr, capitale de la basse Nubie.

Nous sortîmes de notre barque à une heure après minuit; notre troupe se composait, outre nous quatre, de trois chameliers abadehs, qui couraient nus, armés de longues épées, à côté de nos montures: leurs cheveux, tressés en une infinité de nattes, comme ceux des femmes barabrahs, tombaient sur leurs épaules; à leurs pieds étaient fixées des sandales carrées. Vers le point du jour, nous fîmes lever à deux reprises des hyènes, qui s'enfuirent à notre approche. Je fus étonné de la frayeur que nos chameaux témoignèrent en cette rencontre; certainement elle n'était pas nouvelle pour eux. J'avais déjà vu plusieurs fois des hyènes, sans qu'elles fissent mine de vouloir nous attaquer. Ces animaux sont très-féroces, mais d'un naturel peureux, et ne deviennent vraiment à craindre que lorsqu'ils sont pressés par la faim. A six heures du matin nous nous arrêtâmes au pied de rochers très-escarpés, qui dominent le Nil. Nous quittâmes nos chameaux, qui étaient obligés de faire un long détour, préférant suivre, avec notre guide Abdallah, une corniche longue d'une lieue environ, large de trois ou quatre pieds seulement, au-dessus de laquelle on aperçoit des masses de grès semblables à des murailles gigantesques, tandis que le Nil coule au-dessous du voyageur, à la distance de vingt à cinquante pieds. Ayant rejoint nos chameaux, nous arrivâmes vers les dix heures à Qorosko, mauvais hameau, composé de quelques huttes bâties en terre, à l'ombre de dattiers. Nous nous assîmes au-dessous d'un puits à godet : l'humidité qui régnait en ce lieu, y entretenait une fraîcheur qui nous parut délicieuse. En dépit du bruit monotone de la roue du sakyeh[1], que l'on faisait mouvoir dans le moment, nous étions près de nous endormir, lorsqu'une douzaine de jeunes beautés noires, à grande bouche, au nez épaté, et dont une ceinture en franges composait tout le vêtement, vinrent satisfaire leur curiosité en regardant les étrangers. Le fils du gouverneur du lieu les suivit de près, avec sa petite escorte. Il était revêtu d'un jupon bleu, et tenait une lance à la main; ses cheveux, crêpés sur le devant du front, formaient de grosses touffes de tresses sur ses oreilles, et étaient couverts d'une couche

---

1 Puits à roue.

épaisse d'huile de palma Christi. Il arriva en affectant une gravité majestueuse et un air de haute dignité très-plaisant. Nous le reçûmes avec une grande politesse, et en cherchant à donner, de notre côté, à nos manières quelque chose de digne et d'imposant. Il s'assit auprès de nous et commença, suivant l'usage, à nous faire sur notre pays, sur le motif de notre voyage, diverses questions, toutes plus absurdes les unes que les autres. Enfin il nous engagea à partager son dîner. Comme nous étions extrêmement fatigués, nous le priâmes de nous dispenser de le suivre à sa hutte et de faire apporter le repas au lieu où nous nous trouvions. Il y consentit : on servit un panier très-artistement tressé en feuilles de palmier de diverses couleurs, contenant des dattes et des galettes de dourrah non levées, et une jatte de lait aigre ; nous y joignîmes des fruits secs et du chocolat, que nous avions apporté du Caire. Ce dernier article parut être fort du goût du jeune Nubien ; il en suça un bâton entier en moins de cinq minutes, et en s'en barbouillant tout le visage du front au menton. Je fus obligé de changer de chameau à Qorosko, le mien étant très-vieux et trop fatigué pour pouvoir aller plus loin.

Vers les deux heures, nous nous remîmes en route, et, longeant toujours le rivage oriental du Nil, tantôt au milieu de plaines de sable héris-

sées de rochers, tantôt en traversant de longues
forêts de palmiers, nous arrivâmes au Derr,
capitale du pays des Barabrahs, à neuf heures du
soir, aussi harassés que nos montures. Autant l'al-
lure des dromadaires est douce et agréable, autant le mouvement du chameau est dur et fatigant.
Si notre gîte eût été plus éloigné d'une demi-lieue
seulement, il eût fallu renoncer à y arriver, tant
notre lassitude était extrême. L'aspect du Derr est
de la plus gracieuse originalité : la bourgade est
étendue; ses maisons, bâties en briques crues, sont
peu élevées, et ont la forme de pyramides tronquées : ce sont de simples huttes de sauvages, il est
vrai; mais elles sont groupées avec grâce au milieu
d'une immense forêt de palmiers, et forment une
infinité de points de vue de détail, dont la bizar-
rerie est des plus pittoresques. Nous vîmes en passant une noce : une partie de la population du lieu
suivait les mariés, en poussant de grands cris de
joie et en portant des torches allumées. Nous
nous dirigeâmes vers la hutte du catcheff pour
lui demander l'hospitalité. Il était absent; mais
son frère assigna sur-le-champ la place d'honneur du palais, c'est-à-dire une natte en jonc
étendue sur une terrasse servant de toit, construite
en troncs de palmiers et en terre glaise. Il nous fit
servir des dattes, du pain et des bahmias, et parut
enchanté d'un collier en perles de couleur de Ve-

nise, que nous lui donnâmes pour son épouse favorite.

Le dourrah, le palma Christi, le coton, le dokn, le tabac vert et les féves, sont à peu près les seules plantes que les habitans de la Nubie inférieure cultivent. Ils font de grands radeaux avec leur bois de sunt[1], les chargent de dattes, que leur pays produit en abondance et dont la qualité est bien supérieure à celle des dattes de l'Égypte, et se rendent ainsi dans le Saïd pour les vendre. Quelquefois même ils descendent le Nil jusqu'au Caire. Beaucoup de Barabrahs sont établis dans cette ville comme domestiques; ils y jouissent d'une réputation de fidélité bien méritée. Les buffles et les chèvres sont les animaux les plus communs du pays : les hommes sont en général robustes, et, ainsi que je vous l'ai dit dans ma lettre précédente, ils ont les traits agréables; tandis que la laideur des femmes frappe davantage, à mesure qu'on pénètre plus avant dans la Nubie. Plus elles sont grasses, et plus elles paraissent plaire à leurs maris. L'article le plus recherché de leur toilette est l'huile de palma Christi; elles s'en frottent non-seulement les cheveux, mais même le corps : aussi elles répandent une odeur qu'on sent à vingt pas à la ronde et qui se communique à tout ce qu'elles

---

1. Espèce de mimosa.

touchent. Un colosse féminin, bien enduit de graisse et dont surtout les cheveux sont couverts d'une couche d'huile blanchâtre, est regardée ici comme un prodige de beauté. Cependant ces prodiges même sont des créatures assez malheureuses : les femmes sont esclaves de leurs maris ; elles se détestent ordinairement entre elles, la favorite surtout est l'objet de la haine générale ; mais, en présence du maître de la maison, on feint d'être bien ensemble. Les femmes mariées quittent le costume un peu trop léger des demoiselles du pays, et s'habillent d'une manière assez décente : elles revêtent de longues chemises de toile, ouvertes sur les côtés dans toute leur longueur ; par-dessous, elles ont des pantalons de toile, également très-amples et liés au-dessus des reins. Les hommes portent quelquefois aussi des chemises ; mais fort souvent ils les quittent et restent à peu près nus ; ils ont les cheveux rasés, à l'exception de ceux qui couvrent le sommet de la tête, ou bien nattés et graissés comme ceux de leurs femmes ; ils y placent alors une longue épingle de bois ou de corne, dont ils se servent pour se gratter. Leur poignard recourbé est fixé à leur bras gauche, au-dessus du coude, au moyen de deux lanières de cuir.

Les terres labourables, bien moins nombreuses qu'en Égypte, sont cultivées avec beaucoup de soin et arrosées au moyen de machines hydrauliques semblables à celles qu'on rencontre tout le long du fleuve, dès avant le Caire. Ces sortes de puits sont fort curieux; il n'entre point de fer dans leur composition ; les pièces sont adroitement ajustées ou liées ensemble par des cordes en cuir. Comme jamais les rouages n'en sont graissés, on les entend à une très-grande distance. Ce bruit est vraiment assourdissant, et souvent j'aurais désiré que mes hôtes voulussent bien employer à leurs sakyeh un peu de la graisse qu'ils répandent si libéralement sur leurs personnes. On est surpris en voyant des cicatrices sur le dos de presque tous les hommes : la brûlure au fer rouge passe ici pour un remède universel; on fait subir cette opération aux enfans pour les garantir des maladies endémiques. Presque tout le monde mâche du tabac mêlé à du natron et enveloppé dans une pièce de toile. La nourriture est très-simple : le dourrah, le dokn, le lait aigre et les dattes, font les frais des repas; on mange rarement de la viande. La chair d'un vieux chameau, ou quelques grosses sauterelles grillées sur du charbon, sont un régal extraordinaire.

Les deux sexes s'occupent des travaux agricoles, et filent la laine et le coton, qu'ils tissent ensuite.

On voit au Derr une grande excavation antique, taillée dans le rocher; une cour carrée la précède;

on y pénètre par quatre portes, devant lesquelles gissent les débris de statues assises : l'intérieur est divisé en plusieurs pièces. [1]

Je suis, etc.

---

[1] Ce temple renferme des bas-reliefs relatifs à l'histoire de *Ramsès le grand*, et paraît remonter à une très-haute antiquité.

LETTRE LI.

Ebsambol.

Nous prîmes congé du Derr vers le lever du soleil, après y avoir séjourné près de trente heures. Voulant éviter les coudes du Nil, nous fîmes environ trois lieues dans un désert brûlant qui se dirige vers l'Est : le sol y est composé de sable et de fragmens de pierres ; des rochers en cône, d'une prodigieuse hauteur, bornent ce paysage aride. Nous en sortîmes auprès d'un petit village bâti au milieu d'un bouquet de dattiers, et fîmes halte au pied d'un grand bloc de grès. Aussitôt les habitans nous apportèrent de l'eau, des dattes, et des tiges de dourrah pour nos chameaux, et se retirèrent sans demander de baccis. Tel est leur usage à l'égard des étrangers ; ils les reçoivent de la manière la plus amicale : chacun contribue pour sa quote-part à l'hospitalité commune.

Après une demi-heure de repos, notre petite caravane se remit en marche. Nous nous arrêtâmes à un village, lorsque le soleil eut atteint le plus haut point de sa course, et nous fîmes la sieste à l'ombre d'un groupe d'arbres. Nous fûmes agréablement surpris à notre réveil, en voyant que le bon vieillard dans la propriété duquel nous nous étions endormis, nous avait fait préparer une grande jatte de lait aigre et quelques galettes ; il parut charmé des éloges que nous donnâmes à son repas, et refusa obstinément la pièce de mousseline que nous voulûmes lui donner en prenant congé de lui. Ce refus m'étonna beaucoup : il n'est point dans les usages du pays ; car, parmi des peuples où l'hospitalité est regardée comme la première des vertus, on se fait d'habitude des présens réciproques, afin que l'obligation soit à peu près égale des deux côtés.

Nous laissâmes notre halte avant deux heures pour franchir un nouveau désert, qu'on nous assura n'avoir que la moitié de la longueur du précédent. Au moment où nous y entrâmes, nous fîmes lever une troupe de sept gazelles. Nous étions dans le désert depuis deux heures environ, lorsque les deux sangles de ma selle se déchirèrent ; elles étaient tissues en écorce de palmier. La selle tourna ; je tombai à bas de mon chameau et roulai dans un ravin profond, où je restai sans connaissance. Mes compagnons me crurent mort sur le coup ; cependant, à force de m'inonder et de me verser de l'eau dans la bouche, ils me firent revenir à moi : je sentais des douleurs affreuses. Les flots de sang que je rendais par la bouche me firent croire que j'avais une rupture intérieure. On m'étendit dans le sable sur mon manteau ; enfin mes souffrances se calmèrent un peu. Il fut question alors de me faire aller plus loin. Il était environ quatre heures et demie. On nous assura que le village au-delà du désert était aussi près que celui que nous avions quitté dans la matinée, et qu'il m'offrirait un meilleur gîte pour la nuit. Je marchai pendant un quart d'heure ; et m'étant trouvé mal une seconde fois, on essaya de me lier sur mon chameau. Dès les premiers pas, je recommençai à vomir du sang : je préférai continuer à pied, m'appuyant d'un côté sur Abdallah, et de l'autre sur lord Brabazon, qui avait pour moi toutes les attentions d'un frère. Les Musulmans disent, comme nous, qu'un malheur ne vient pas sans l'autre, et c'est ce qui se vérifia en cette occasion. Notre guide s'égara en tournant trop à l'Est, et nous annonça, après trois heures de marche, qu'il fallait revenir sur nos pas. Le vent était brûlant: nous n'avions plus d'eau ; on l'avait épuisée au moment de l'accident : on ne pouvait donc pas songer à rester dans le désert. Nous arrivâmes enfin, au milieu de la nuit, à Ibrim. J'étais anéanti : il fallut me porter pendant la dernière lieue; mes pieds, déchirés, me refusaient absolument tout service, et la perte de sang m'avait ôté toutes mes forces.

Malgré l'heure avancée, Abdallah frappa à la porte d'une hutte; et dès qu'on sut que des étrangers étaient arrivés, la moitié de la population du village accourut et se réunit autour de nous. On nous donna des nattes pour dormir. Une bonne vieille, voyant le triste état dans lequel je me trouvais, s'éloigna, en s'écriant à plusieurs reprises : « Oh le pauvre jeune homme ! » Au bout de quelques instans, elle revint, m'apportant une grande jatte de lait : cette boisson rafraîchissante me rendit la vie. Pendant la journée suivante, je fus l'objet constant des attentions des excellentes gens qui m'entouraient : chacun cherchait à contribuer à mon bien-être, et venait demander de mes nouvelles avec le plus touchant intérêt. L'un m'apportait du dourrah frais ; l'autre, du beurre ; un troisième, des dattes ou de l'eau. J'étais profondément ému de ces mœurs hospitalières, qui honorent tant l'humanité. En me présentant ce qu'ils possédaient, les Nubiens me disaient : « Si nous n'étions « pas pauvres, si nous n'avions pas tant d'impôts « à payer, nous te traiterions bien mieux que nous « ne faisons. » Cette journée me parut un moment; la manière dont je la passai est à mes yeux un ample dédommagement de ce que j'ai souffert à la suite de mon accident. Vous pensez bien que je ne songeai point à visiter les ruines de la forteresse moderne d'Ibrim. Elles s'élèvent auprès du village sur le rocher qui domine le fleuve. J'essayai de marcher un peu à l'ombre des grandes plantations de dattiers d'Ibrim; leurs fruits passent pour les meilleurs de la Nubie.

Le surlendemain de mon arrivée, quoique encore très-faible et souffrant, je me décidai à me remettre en route; je supportai assez bien le mouvement du chameau. Nous arrivâmes à un village auquel nos guides donnèrent le nom d'*Ouadi-Chabaq*. Lord Brabazon y aperçut une vieille cange. Le vent du nord s'étant un peu levé, il fit prix avec le maître de cette barque, pour nous mener à Ouadi-Halfa. Nous fîmes transporter nos chameaux sur le rivage occidental : il fut impossible de réussir à les faire entrer dans la barque autrement qu'en les y portant. On ordonna aux guides de nous suivre sur le rivage jusqu'à Ebsambol, où ils devaient nous attendre. La cange étant fort mal construite et en très-mauvais état, le reiss en calfeutra grossièrement les ouvertures, et nous nous livrâmes de nouveau au courant du Nil. Il est ici encaissé entre deux hautes chaînes de rochers, au pied desquels sont tantôt des plantations de sunts et de palmiers, tantôt une plage déserte, sablonneuse et entièrement dépourvue de verdure. Nous laissâmes, sur la rive occidentale, le village d'Ouady-el-Massas, et sur celle de l'est, les bourgades de Bostan et d'Armenneh (ou Ermyn). Le vent baissa de nouveau; pendant les heures de la journée où la chaleur fut la plus forte, elle était intolérable. Nous continuâmes cependant à cheminer : les paysans des villages riverains venaient faire avancer le bateau à la corde; ils le menaient ainsi de relais en relais, ou plutôt de hameau en hameau : ils nous quittaient après l'avoir confié à d'autres mains. Cependant nous perdîmes bientôt l'espoir de gagner dans la soirée le temple d'Ebsambol : il fallut nous arrêter à la nuit tombante, lorsque nous en étions encore éloignés de deux lieues.

Le lendemain, la chaleur était déjà étouffante aussitôt après le lever du soleil : aucun zéphir ne la tempérait; l'atmosphère semblait embrasée. On tira la corde pour nous faire avancer. Un soldat du pacha d'Égypte, que nous avions recueilli et qui se rendait dans le Dongolah, alla d'une manière fort brutale mettre les paysans en réquisition; à son avis ils ne venaient pas assez vite. Le rivage était hérissé de sunts et d'autres arbustes épineux : notre barque s'y engagea; nous ne parvînmes à nous en tirer, qu'après avoir mis en sang nos visages et nos mains. Enfin, un effort vigoureux nous dégagea. Malheureusement pour nous, par l'effet même de la violence de cet effort, la corde se rompit; la barque fut entraînée par le courant, quoique nous fissions jouer toutes nos rames : elle vint donner, au bout d'une demi-heure, sur un gros rocher, situé plus bas que le lieu d'où nous étions partis dans la matinée. Le choc fut si rude, qu'il fit tomber dans le Nil le sac qui contenait nos provisions de voyage. Nous ne nous en affligeâmes guère, sachant qu'on vit fort bien avec des dattes et du lait. Je ne pus être d'un grand secours au milieu de ces accidens; le reste de l'équipage travailla avec une ardeur soutenue. Un vent léger nous permit à midi de hisser la voile, et nous avançâmes lentement vers l'énorme rocher de grès qui domine le fleuve et dans lequel Ebsambol est taillé. Vers le coucher du soleil, nous étions vis-à-vis du temple, et nous nous disposions à passer le Nil, lorsque le vent du nord, que nous avions espéré en vain pendant la journée, s'éleva soudain avec une horrible furie, et s'engouffra dans notre voile de manière à nous faire courir pendant quelques minutes le plus grand danger. Nous décidâmes alors qu'on pousserait jusqu'à Ouadi-Halfa, et qu'on verrait Ebsambol au retour. Le vent, qui se soutint, nous fit avancer rapidement. Les deux rives du fleuve sont bordées de hautes montagnes coniques, isolées entre elles. Nous ne nous arrêtâmes qu'un instant à Ghebel-Addeh, où est un petit temple d'apparence très-ancienne et taillé dans

le roc. Ses bas-reliefs ont été postérieurement couverts de mortier par les chrétiens qui ont décoré
ce recrépissage de peintures à fresque, représentant
des saints, entre autres S. George à cheval. Nous
fîmes une halte un peu plus longue à Faras, village situé sur les deux rivages du Nil, et où nous
vîmes quelques tombeaux antiques. Après y avoir
acheté du pain et un panier de dattes, nous nous
rembarquâmes. La rive droite est très-escarpée; on
y aperçoit quelques mauvais villages et des plantations de dattiers. La rive gauche présente une plaine
vaste et aride. Deux jours après avoir passé devant
Ebsambol, nous débarquâmes dans la soirée au
village d'Arguy, distant de deux lieues de Ouadi-
Halfa [1]. Nous arrivâmes à ce dernier endroit le
lendemain de très-grand matin, et montâmes au-
dessus de la cataracte pour jouir de la vue de ce
singulier et imposant paysage. Le Nil, qui est ici
d'une largeur prodigieuse, se précipite avec furie
au milieu d'immenses masses de granit noir et
rouge; plus loin il forme de vastes nappes et arrose des îles couvertes d'une brillante verdure.
Cependant il n'offre pas, à proprement parler, le
spectacle d'une chute d'eau; il est hérissé de brisans, comme le Rhin à Lauffenbourg; mais à Ouadi-
Halfa l'échelle est beaucoup plus vaste et d'un effet

---

[1] Ouadi-Halfa est à une demi-heure de la cataracte du Nil.

plus grandiose. Dans la cataracte même sont les îles d'Absyr, de Teyt, de Dahabet et plusieurs autres. [1]

Nous ne nous arrêtâmes que six heures à Ouadi-Halfa. L'état de souffrance dans lequel je me trouvais me faisait désirer de rejoindre notre cange le plus tôt possible. Depuis ma chute j'avais une fièvre assez forte, accompagnée de crachemens de sang. Il nous fallut trente heures pour nous rendre à Ebsambol. En y arrivant, j'oubliai bien vite les contrariétés qui avaient accompagné notre voyage.

Je suis, etc.

---

[1] On voit à Ouadi-Halfa, sur la rive occidentale du fleuve, trois édifices ruinés dont la fondation paraît remonter à la plus haute antiquité. Le plus septentrional des trois est un monument carré, peu vaste et entièrement dépourvu d'ornemens. Le second est bâti en briques crues et soutenu intérieurement par des piliers et des colonnes en pierre de grès, autour desquels on aperçoit quelques traces d'hiéroglyphes. Un troisième temple existe au sud de celui dont je viens de vous parler, il est plus vaste, mais tout aussi détérioré et mal construit que les précédens. D'après M. Salt, il était dédié à *Amon-Ra.* On le regarde comme le temple principal de l'antique ville égyptienne de Béhéni.

LETTRE LII.

Du Caire.

On voit deux temples à Ebsambol (ou Ibsamboul). Visitons d'abord le grand, le plus méridional
des deux. Une pente de sable très-rapide mène du
fleuve à son entrée ; elle est creusée dans le roc,
ainsi que le reste de l'édifice : la façade a cent dix-
sept pieds de long et quatre-vingt-huit d'élévation ;
quatre statues colossales assises , dont trois sont
parfaitement conservées, gardent l'entrée du temple
et ont chacune soixante-un pieds de hauteur : au-
dessus d'une porte hiéroglyphiée est un grand bas-
relief représentant une divinité, à laquelle deux
personnages apportent leurs offrandes ; vingt et une
statues de singes éthiopiens terminent la corniche.
Jamais je n'ai rien vu qui égalât la majesté de cet
immense péristyle. Voir un semblable monument
dans une contrée aujourd'hui barbare, à la porte
du désert, paraît tenir du prodige. L'entrée du
temple est ensablée ; on n'y pénètre qu'en se traînant sur le ventre, et pendant les premiers momens

l'étouffante chaleur qui y règne vous fait presque perdre l'usage de vos sens. Nos guides nous y avaient précédés; ils tenaient une quantité de torches allumées. Nous arrivâmes dans une salle immense, soutenue par huit piliers, contre lesquels sont adossées autant de statues encore intactes, hautes de trente pieds, et représentant, ainsi que les quatre colosses extérieurs, Rhamsès le grand : au-delà de cette pièce on en voit une seconde, à quatre piliers; plus loin, il en est encore une, sans pilastres, au fond de laquelle sont quatre figures assises, plus fortes que nature et d'un beau travail. Chacune de ces salles principales est accompagnée de pièces latérales, qui en ont d'autres à leur tour. [1] Je regrette de n'avoir pu en lever le plan ; mon état de souffrance me permit à peine de faire les dessins qui accompagnent ma lettre. Tous les appartemens du temple sont ornés de bas-reliefs coloriés, qui représentent des scènes de bataille ou des cérémonies religieuses, et ont beaucoup de rapport avec ce qu'on voit à Karnak, à Médinet-Abou et dans les autres édifices qui datent du temps des Pharaons. Ces bas-reliefs offrent des particularités fort remarquables ; leurs couleurs se sont conservées en grande partie. Aussi durable que la montagne qui a été convertie en sanctuaire de la divi-

---

1 On compte en tout seize salles.

nité, cette excavation énorme présente peu de parties détériorées, et rivalise avec ce que l'Égypte montre de plus étonnant aux regards des voyageurs. [1]

Le petit temple d'Ebsambol est à deux cents pas du premier; sa façade regarde l'Orient, tandis que l'édifice principal est tourné vers le Nord. Il est taillé dans le roc vif et dédié à Hathor; son entrée est formée par six magnifiques colosses, hauts de trente-cinq pieds environ, représentant Rhamsès le grand et sa femme, ayant chacun deux statues d'enfans à leurs côtés, et séparés par des saillies ménagées dans le rocher et richement hiéroglyphiés. L'intérieur se compose d'une première pièce

---

[1] Les bas-reliefs qui ornent la grande salle du temple représentent des batailles et des processions triomphales. Les autres pièces, au contraire, n'offrent que des sujets religieux. On voit dans la principale salle, la plus intéressante de toutes, le roi Rhamsès le grand, assis au milieu de ses guerriers, des serviteurs préparant son char de bataille; plus loin il combat ses ennemis : le désordre commence à se mettre dans leurs rangs.

Un autre bas-relief nous montre ce même roi, sur son char de guerre, et traîné par des chevaux richement enharnachés; trois guerriers, montés sur des chars semblables, suivent le Pharaon : ils mettent en déroute une armée ennemie et prennent une ville fortifiée.

Dans un troisième tableau, le roi perce de sa lance un chef ennemi; près de lui on en voit un autre déjà terrassé.

Le bas-relief suivant représente le triomphe de Rhamsès

à six colonnes, dont les chapiteaux représentent des masques avec des oreilles de vache; d'une seconde pièce, avec deux cabinets latéraux, et enfin d'un petit sanctuaire, au fond duquel est assise une statue très-mutilée, dont les dimensions ne sont guère plus grandes que nature. Ce temple est aussi orné que le précédent; ses bas-reliefs sont très-beaux. Près de là on voit encore une niche taillée dans le roc, exactement au bord de l'eau, et au fond de laquelle est assise une statue de femme, de moyenne grandeur.

Nous passâmes une journée à Ebsambol, et ordonnâmes à nos chameliers d'aller nous attendre au village de Techka, situé sur le rivage occidental. A

le grand; il est debout sur son char : deux rangées de prisonniers africains, parfaitement dessinés, précèdent le conquérant.

Plus loin, ce prince fait hommage aux dieux de ses captifs.

Les couleurs de ces tableaux sont merveilleusement conservées; leur élégance et leur richesse ajoutent à l'effet magique de la superbe excavation d'Ibsamboul; leur dessin est hardi et pur en bien des parties, comme celui des tableaux qui ornent les vases grecs.

Outre les bas-reliefs dont je viens de vous parler, on en remarque un autre d'une dimension énorme; ses couleurs ont été entièrement effacées par l'humidité. Il représente un camp entier, avec les jeux, les exercices et les punitions militaires, une bataille, et la tente du roi avec ses généraux, son service et ses chevaux. Toutes les figures de ces bas-reliefs historiques sont accompagnées de longues légendes hiéroglyphiques.

dater du moment de notre départ, le reiss, dévot musulman, ainsi qu'une grande partie des habitans de la Nubie inférieure[1], ne cessa de nous faire des questions touchant des points de religion et la fondation des monumens qui bordent le Nil. Nous eûmes bien de la peine à lui faire comprendre que les constructeurs d'Ebsambol n'étaient pas nos ancêtres, et que leur taille n'était pas exactement pareille à celle des colosses qui décorent les temples. Cet homme, sans s'en douter, faisait ingénument l'éloge du travail imposant des anciens habitans du pays.

Les gens de l'équipage se relevaient d'heure en heure pour ramer; tandis que les uns travaillaient, les autres, couchés au fond de notre misérable barque, mâchaient du tabac, se racontaient des histoires merveilleuses, ou bien enfin ils tiraient quelques sons d'une espèce de bâton creux, qu'on peut appeler la flûte réduite à sa plus grande simplicité: les rameurs l'accompagnaient en chantant un air plaintif et monotone; les montagnes sonores d'alentour en répétaient les dernières notes.

Nous remontâmes à chameau avant le lever du soleil. Nous avions à peine fait trois quarts de lieue,

---

1 La population du Barabrah est en général très-superstitieuse; les individus des deux sexes portent des amulettes au moyen desquelles ils se croient invulnérables et inaccessibles aux maladies et aux maléfices des envieux et des méchans.

lorsque ma monture tomba de lassitude ; tous les efforts qu'on fit pour la relever furent inutiles : je l'abandonnai. Dix minutes plus tard, les trois autres en firent autant. Nous étions dans un désert de sable mouvant, sur la rive occidentale ; il était très-difficile d'y marcher : cependant il fallait rester là ou continuer à pied. Nous prîmes courageusement ce dernier parti et cheminâmes sans nous arrêter jusqu'à El Massas, où sont quelques maisons d'apparence passable, et de grandes plantations. On nous apporta des dattes et du pain. J'avais moins de fièvre que la veille ; la fatigue me procura une bonne heure de sommeil, après laquelle je me levai frais et dispos. Nous longeâmes alors le rivage inhabité du Nil. Après une heure de marche, nous rentrâmes dans de longues forêts de palmiers, au milieu desquelles étaient des champs de dourrah et des villages : il y régnait de la fraîcheur ; tout était bien arrosé. Ce paysage, qui présentait à la fois les traces d'un état voisin de la simplicité des premiers temps et une agriculture avancée, me plaisait au-delà de toute expression. Nous étions sans autre bagage que nos armes et un porte-feuille : le mouvement m'occasiona une transpiration très-abondante, qui fit cesser ma fièvre. Après avoir fait cinq lieues de la sorte et laissé au loin sur le rivage opposé les hauteurs d'Ibrim, nous entrâmes dans un désert, que nous passâmes en une heure, et nous arrivâmes à Tomâs,

l'une des principales bourgades du pays des Barabrahs. Des maisons éparses au milieu de palmiers et
assez bien bâties, des champs étendus, bien arrosés
et soigneusement cultivés, donnent à ce village un
aspect plus riant qu'au Derr même. Il a une grande
demi-lieue de long, est entouré en partie de murailles
en pierre et adossé contre des rochers, au sommet
desquels sont les décombres d'habitations plus anciennes. Avec quel délice je m'arrêtais de temps en
temps pour boire; devant la plupart des huttes je
voyais une outre ou une jatte d'eau fraîche, qu'on
y avait apportée pour être à la disposition des pas-
sans. Nous étions trop fatigués pour aller voir le
temple d'Amada[1], qui, à ce que nous dirent nos
guides, est à deux lieues de Tomâs, et où sont des
bas-reliefs d'une grande beauté. Nous eûmes encore
à traverser un désert qui nous offrit d'assez grands
obstacles : le sol, sur lequel on y marche, est formé
d'un sable mouvant et plonge presque perpendicu-
lairement sur le Nil : on sent quelquefois que le
terrain manque sous le pied; la colonne de sable
cède et roule dans le fleuve : ainsi le sentier, que
l'on trace en marchant, s'efface de lui-même en partie.
La nuit était déjà assez avancée, lorsque nous arrivâmes en face du Derr. Notre reiss nous avait promis

---

1 Le Nil forme ici un coude très-considérable, auquel on
donne le nom de *Coude d'Amada.*

qu'à notre retour nous y trouverions la cange. Malgré l'obscurité, Abdallah reconnut le pavillon blanc, qu'éclairait un petit fanal. Nous poussâmes notre cri d'habitude et donnâmes le signal en tirant deux coups de pistolet. Les mêmes sons partirent de la rive opposée, et la lumière que nous y avions aperçue se dirigea rapidement de notre côté. Nous mîmes le feu à quelques broussailles sèches : la cange arriva auprès de nous sans encombre; elle était prête à redescendre le Nil; les mâts et les voiles étaient abattus : nous y entrâmes et donnâmes ordre qu'on saisît les rames sans perdre un instant. Notre voyage fut très-heureux. Après nous être arrêtés aux différens temples que nous avions le plus admirés en montant le fleuve, nous passâmes encore quelques jours à Thèbes, chez notre ancien hôte, M. Wilkinson, qui nous engagea de la manière la plus amicale à nous installer de nouveau chez lui. Je n'étais pas en état de faire de longues courses, mais au moins je parcourus encore ces édifices admirables, dont jamais le souvenir ne s'effacera de ma mémoire. Comment les Égyptiens et les Éthiopiens, peuples primitifs, qui se devaient tout à eux-mêmes et n'ont rien emprunté aux autres, ont-ils porté les arts à un tel degré de perfection? Que de siècles il a fallu pour le développement d'une civilisation aussi étendue!

Nous vîmes pendant ce second séjour à Thèbes

quelques Arabes d'une tribu indépendante et presque sauvage, qui habite les vallées les plus éloignées
de la chaîne de Mokattam. Ils venaient pour vendre
un chameau et acheter du dourrah : du reste ils
sortent rarement de chez eux, et fuient les autres
hommes. Notre hôte, qui les a visités, m'assura
qu'ils possèdent plusieurs sources dont l'eau n'est
pas bonne, mais très-fraîche.

Notre voyage de Thèbes au Caire ne présente
plus d'incidens remarquables. Ma santé m'empêcha
de visiter Antinoé et Hermopolis, et nous obligea
même à passer un jour à Bénisouef. Cette ville, qui
nous avait semblé affreuse lors de notre premier
passage, produisit cette fois sur nous un effet contraire : une petite allée de sunts, plantée le long du
Nil, nous parut une promenade délicieuse. Quelques personnes proprement habillées nous inspi-
rèrent le respect dont est pénétré un jeune campa-
gnard qui voit pour la première fois les grands de
la terre : tout dans le monde agit sur nous par com-
paraison. La caserne de Benisouef est un beau bâtiment rectangulaire, entouré de dix-neuf arches sur
chaque côté, mais mal entretenu; son rez-de-chaus-
sée sert de prison. Le gouverneur du lieu nous reçut
fort poliment. Nous renvoyâmes, pendant notre séjour dans cette ville, un de nos serviteurs, qu'à son
turban vert on reconnaissait pour un descendant
du prophète, et qui était le fléau de notre équipage.

Il paraît, au reste, que la famille de Mahomet s'est fort multipliée : on voit des villages entiers dont les habitans portent le turban distinctif de cette famille ; ils passent en général pour être de mauvais sujets, qui se croient tout permis après avoir dit régulièrement leurs prières : aussi, malgré leur noble origine, n'inspirent-ils aucune considération.

Je ne puis vous exprimer la joie que nous ressentîmes en arrivant au Caire ; nous nous croyions de retour en Europe. Nos connaissances nous reçurent à merveille : malheureusement le nombre en était diminué. M. Salt, consul général d'Angleterre, était mort pendant notre voyage. M. Linant, notre ami, nous accueillit à bras ouverts et nous rendit notre appartement dans sa maison. Nous y avons repris nos anciennes habitudes. Les bains turcs m'ont entièrement rétabli.

Je suis, etc.

LETTRE LIII.

Du Caire.

Les préparatifs d'un voyage que nous allons faire au mont Sinaï et à Jérusalem, nous ont obligés de passer quelques jours à Alexandrie. Le canal du Mahmoudié n'étant plus praticable dans cette saison; nous avons passé par Rosette. Pour s'y rendre, on continue à suivre le cours du Nil, après avoir passé devant Fouah. Comme le vent nous était favorable, il ne nous fallut que quarante heures pour arriver à Raschid[1]. La position de cette ville est délicieuse; elle s'élève en amphithéâtre sur la rive gauche du Nil, qui en ce lieu forme plusieurs îles verdoyantes. Le seul point qu'occupe Rosette excepté, tout ce que l'on aperçoit est couvert de jardins touffus qu'entourent des haies vives, et dans lesquels se marient les divers feuillages de l'oranger, du citronnier, du grenadier, du bananier et

---

1 Nom arabe de Rosette.

du palmier : ces bosquets charmans n'ont aucune apparence de symétrie; tout y semble produit spontanément par la nature, et, comme dans l'île de Candie, il n'y a point de trace de l'art au milieu de ces bocages touffus qui embaument l'air et prodiguent les plus beaux fruits. Raschid renferme plusieurs mosquées assez belles, quelques grandes maisons, un khan très-vaste. Il y règne de l'activité, et je fus charmé de ce que la ville offre de pittoresque dans ses détails. Mais en général elle n'est point belle, et contient plusieurs emplacemens couverts de ruines : l'aspect de ses bazars est hideux; on n'y voit point étalés ces objets curieux qui donnent une physionomie caractéristique aux marchés orientaux. Rosette est entourée de collines qui ne sont point comprises dans son enceinte; de sorte qu'elle est dominée de toutes parts, et que ses fortifications, qui consistent en quelques mauvaises murailles, ne peuvent lui être d'aucune utilité pour sa défense. Elle est bâtie sur l'ancienne branche Bolbitine. La ville de ce nom existait, à ce qu'on croit, à une demi-lieue de la cité moderne, à l'endroit où est actuellement un couvent appelé Abou-Mandour. Il faut deux heures et demie pour arriver de Rosette à l'embouchure du Nil, connue sous le nom de *Bogaze*. A cette embouchure est une barre contre laquelle luttent les eaux du fleuve avant de se jeter dans la mer. Ce passage est fort dangereux lorsque les vents s'élèvent; les tourbillons qu'ils amènent à leur suite submergent souvent les bateaux. Les petits bâtimens non pontés, à voiles latines, connus sous le nom de *schermes*, dont les habitans de Rosette se servent pour commercer avec Alexandrie, ne peuvent guère d'ailleurs résister aux gros temps; une foule d'accidens résultent de leur construction imparfaite.

Après avoir passé une journée à Raschid, appelé à si juste titre le jardin de l'Égypte, nous en partîmes à cheval deux heures avant le lever du soleil, pour nous rendre à Alexandrie. Ayant traversé quelques collines garnies d'orangers et de palmiers, du haut desquelles on aperçoit la mer et les forêts touffues qui ombragent les rives du Nil, nous entrâmes dans un grand désert de sable mouvant; les chevaux y avançaient avec peine. La côte s'abaisse insensiblement vers la mer; les vagues couvrent la plage : on est obligé de faire plusieurs lieues dans l'eau. Nos montures en avaient constamment jusqu'aux genoux : le terrain, sur lequel elles posaient le pied, s'affaissait sous leurs pas. Cependant il vaut mieux encore cheminer au milieu des ondes, que de passer sur la portion du rivage qui reste à sec; le sable y est trop mouvant pour qu'il soit possible d'y marcher sans péril. Au reste, les mules et les chevaux ont l'habitude de cette route; le cavalier les laisse aller, sans chercher à les diriger.

Nous fîmes le voyage par un très-gros temps; dès la première heure, nos vêtemens étaient trempés; les flots venaient en mugissant se déployer sur la plage et nous couvraient de leur écume : un vaisseau naufragé ajoutait au triste effet de ce lugubre paysage. Quelques tourelles, placées de distance en distance, indiquent les passages dangereux, et empêchent qu'on ne s'égare au milieu de cette plaine dont rien ne varie la triste uniformité; aucun autre objet n'indique la direction qu'on doit suivre. Nous fîmes une halte auprès du tombeau d'un Santon, placé au sommet d'une butte stérile. Une lieue plus loin, on arrive au lac Maadié (ou d'Edkou), reste de la branche Canopique; aujourd'hui il n'est plus qu'une vaste lagune, sans communication avec le Nil. L'embouchure du côté de la mer en est presque fermée par une barre de sable, non loin de laquelle on voit un vieux caravanserail, renfermant un puits d'eau saumâtre. Nous passâmes le lac Maadié dans une petite barque, et suivîmes alors la côte orientale du long promontoire, au nord duquel s'élève Aboukir, bourgade moderne qui est défendue par un fort, bâtie près de l'emplacement de l'antique Canope, et que les événemens dont elle a été le théâtre à la fin du siècle dernier, ont rendue célèbre. Au-delà d'Aboukir nous nous dirigeâmes vers l'ouest-sud-ouest, en suivant des collines de sable, parmi lesquelles on aperçoit de distance en distance quelques habitations et des groupes d'arbres.

Nous entrâmes à Alexandrie par Bab-el-Raschid.[1] Nous y terminâmes nos affaires en trois jours; le commandant de la station française eut la bonté de me promettre que, si dans deux mois je me rendais à Beyrouth, j'y rencontrerais un bâtiment de guerre pour me ramener en Égypte. Cette assurance leva nos incertitudes, et nous nous déterminâmes à entreprendre le voyage d'Arabie et de Syrie.

Notre ami Linant avait été obligé de venir à Alexandrie deux jours après nous : il s'en retournait au Caire et nous offrit des places dans sa cange. Aussitôt après notre arrivée, il nous aida à faire nos préparatifs. Quatre jours s'écoulèrent de la sorte : il nous fallait des provisions, de nouveaux costumes, des manteaux arabes; car ici on est obligé de suivre le système d'Alcibiade et de changer de mœurs et d'usages en changeant de pays. Nous reprîmes notre place habituelle au khan Kali sur le comptoir d'une boutique; on nous y apporta les objets dont nous avions besoin, et bientôt cette ennuyeuse besogne fut terminée : on m'amena aussi un domestique arabe, Mahmoud, qui est muni de très-bons certificats et

---

[1] La porte de Rosette.

parle fort bien l'italien; je le pris à mon service pour deux mois.

Nous vîmes, en retournant à notre demeure, des scheiks arabes qui nous proposèrent de nous mener à Jérusalem avec dix dromadaires, en passant par le mont Sinaï, et en payant dix thalaris par monture. Nous leur donnâmes rendez-vous pour le lendemain, sans rien conclure. Ils furent exacts. M. Linant les retint à dîner; ce repas, pendant lequel trois Français, un Anglais, trois Arabes et un Turc plongeaient sans façon leurs doigts dans un plat commun, me parut le plus singulier de ceux que j'aie faits jusqu'ici.

Nous eûmes de la peine à tomber d'accord avec le principal scheik; il prétendait être le seul qui pût nous mener au mont Sinaï : d'une autre part, il ne voulait nous accompagner que jusqu'à Gaza, répétant sans cesse qu'un des hommes de sa tribu avait du sang plus loin : il voulait dire par là qu'un meurtre avait été commis, et qu'aucun des siens ne pouvait se rendre sur le territoire du scheik offensé, avant que l'injure n'eût été expiée, d'après la loi du talion. Cependant cet embarras fut levé. Fanous (le scheik en question) exigea alors qu'on lui donnât un habillement complet; nous lui promîmes qu'il l'aurait à Jérusalem, si nous étions satisfaits de lui : il voulait l'avoir de suite; je m'y refusai obstinément. Enfin il céda,

et craignant que le pacha ne mît quelques-uns de
ses dromadaires en réquisition, il nous pria de
faire nos préparatifs de départ et de nous disposer à partir ce soir à neuf heures. Nous lui
payâmes de suite la moitié du prix convenu.

Je suis, etc.

LETTRE LIV.

Terminée au mont Sinaï. Désert de Suez.

D'ici à Jérusalem, je profiterai des momens pendant lesquels on fait notre établissement du soir, pour écrire ce que j'aurai vu de remarquable dans la journée : nous lirons ensemble des lettres que, sans doute, je vous apporterai moi-même, et je me rappellerai avec plaisir les observations qui, consignées sur mes tablettes au moment même où je les faisais, auront du moins, je crois, le mérite de la fidélité. Nous avons quitté le Caire avant-hier deux heures après le coucher du soleil, nous en sortîmes par la porte de Bab-el-Nasr et, passant près des tombeaux des califes, nous fîmes halte au lieu nommé *Birket-el-Hadgii* (le lac des Pélerins). Non loin de là était le village de nos guides; le scheik Fanous nous pria de le dispenser du voyage, et nous donna à sa place ses deux fils Hassan et Salem. Ce matin nous nous sommes mis en route avant le jour : les dromadaires sont une monture douce, facile et agréable ; nous restâmes en selle pendant douze heures, sans être plus fatigués que si nous avions passé notre journée assis dans de bons fauteuils. Vers le soir, nous nous arrêtâmes dans une espèce de petite oasis, si l'on peut donner ce nom à une lande qui ne se distingue du désert que par les plantes ligneuses et aromatiques qui la couvrent. N'ayant point de tentes, nous nous sommes bâtis une petite hutte avec nos coffres, nos outres et nos selles ; nos manteaux étendus sur le sable nous servent de lits. Le désert de Suez est moins monotone que je ne m'y attendais ; il présente une succession de collines : vers le Sud, on aperçoit des montagnes rocailleuses ; les effets de mirage, les teintes variées du sable et du gravier, en rendent la vue supportable. Nous avons remarqué dans la journée une immense quantité de grosses pièces de bois pétrifiées ; elles paraissent des fragmens de troncs de divers arbres. La surface du désert est jonchée de squelettes de chameaux qui ont été tués par leurs conducteurs après être tombés de lassitude. Nous avons fait lever à deux reprises des gazelles et des compagnies de perdrix : plusieurs caravanes très-nombreuses, ayant à leur tête leurs conducteurs montés sur des ânes, nous ont croisés pour se rendre au Caire, ou sont restées derrière nous.

La grande route du désert est un assemblage de

sentiers battus, l'un à côté de l'autre, par les chameaux, qui marchent toujours en files.

Jadis le voyage du Caire à Suez était dangereux : on ne pouvait quitter les caravanes, que les Arabes de Tor avaient seuls le privilége de guider; mais depuis que le pacha actuel a consolidé son pouvoir, le désert est sûr pour tout le monde : les chameliers égyptiens et syriens dirigent les caravanes avec une parfaite sécurité pour les voyageurs et pour eux-mêmes.

Un premier bivouac dans le désert fait beaucoup d'impression; il retrace l'existence des anciens peuples nomades : en un instant s'élève au milieu du sable la hutte fragile des voyageurs; la cuisine est construite tout aussi rapidement; quelques ronces sèches et les excrémens des chameaux remplacent le bois et le charbon pour cuire un pilau; l'eau fraîchement tirée des outres paraît délicieuse : les dromadaires mis en liberté s'en vont chercher au loin une chétive nourriture; lorsqu'ils reviennent, ils reçoivent quelques poignées de fèves sèches et s'accroupissent ensuite autour des voyageurs, pour lesquels ils sont ainsi un rempart vivant. Le temps du repas et les arrangemens pour la nuit remplissent ce qui reste de la journée : une teinte brûlante se répand à la fois sur le ciel et sur les sables; mais le crépuscule ne dure qu'un instant; bientôt la lune, se levant, jette un demi-jour doux et tranquille sur

la nature entière : c'est ici surtout que cet astre est
l'ami des voyageurs. Notre établissement nocturne
eût fourni un charmant sujet de tableau à Rembrant : un feu très-clair jetait une vive lumière sur
les manteaux blancs et les figures basanées de nos
Arabes ; quelques-uns d'entre eux faisaient de la
pâte dans une écuelle de bois, d'autres en formaient
des galettes qu'ils plaçaient sur le sable et couvraient
ensuite de braises ; le pain fut bientôt cuit, on ne
le mange que chaud ; il est préparé au moment
du repas. Les mouvemens et les postures de ces
bédouins eussent sans doute été avidement saisis
par un artiste ami d'une nature fortement caracté-
risée : nous nous assîmes au milieu d'eux ; ils nous
firent en gestes et en paroles le récit de la manière
dont ils avaient détroussé une foule de caravanes :
en considérant la chose telle qu'elle est, dégagée de
tout point de vue poétique, nous pouvons, sans
faire tort à nos guides, les regarder comme une
horde de brigands.

Suez.

Le désert est ordinairement partagé en districts qui appartiennent à diverses tribus de bédouins; il n'en est pas ainsi de celui de Suez, il est trop fréquenté par les caravanes, pour que les Arabes y aient formé des établissemens: ils le regardent comme une sorte de territoire neutre. Nous levâmes notre petit camp dès trois heures du matin, voulant faire le plus de chemin possible pendant la fraîcheur; nous entrâmes bientôt dans une plaine qui s'étend à perte de vue: plusieurs caravanes passèrent près de nous, portant des charbons au Caire : la plus forte était de trois cents chameaux. L'un de ces pauvres animaux, fatigué et chargé outre mesure, tomba en jetant de grands cris; son maître le tua aussitôt. « Il eût mieux valu, dis-je à mes guides, l'aban-
« donner à son sort, peut-être s'en serait-il tiré; » —
« mais, me répondit Hassan, si on l'avait laissé vivre,
« un autre aurait pu le prendre et le guérir; alors
« le chameau eût été à deux maîtres, ce qui ne se
« peut; d'ailleurs il est tombé, cela prouve qu'il doit
« mourir. » Il nous fallut onze heures pour traver-
er la plaine; du côté méridional, des montagnes de

sable et des rochers la terminaient : le mirage leur donnait parfaitement l'apparence d'une grande baie, au-delà de laquelle on croyait apercevoir la haute mer. Nous rencontrâmes beaucoup de gibier dans la matinée : avant d'arriver à l'extrémité est-sud-est de la plaine, nous passâmes à côté d'un grand acacia-sunt, le seul arbre qui existe entre le Caire et Suez; il s'élève auprès du lieu auquel on donne le nom de *Hadji Dar-el-Hamara* : nous ne nous y arrêtâmes que pour laisser reposer nos montures.

Bientôt nous entrâmes dans des collines dont la couleur était d'un jaune foncé; nous fîmes notre établissement pour la nuit au lieu appelé Ouadi Hafeiry : nos dromadaires y trouvèrent une nourriture abondante.

Le jour suivant, lord Brabazon et moi prîmes les devants avec deux de nos gens, après avoir ordonné au reste de la caravane de nous suivre plus lentement : nous passâmes les lits de plusieurs torrens qui n'ont de l'eau que très-rarement, et laissant à notre gauche la petite place forte d'Adsjerud; nous arrivâmes d'assez bonne heure à un mauvais puits presque à sec : nous ne nous y arrêtâmes point et continuâmes jusqu'au second puits (Bir Suez), qui n'est plus qu'à une lieue et demie de la ville. Nos dromadaires n'avaient plus bu depuis le Caire, ils partirent au grand trot aussitôt qu'on put apercevoir les fortifications voisines de cette source précieuse : le puits est double, carré, très-profond ; outre les bâtimens qui l'entourent, le tombeau d'un saint Mahométan s'élève à côté. La vue que l'on découvre de la fontaine, est pittoresque malgré le manque de végétation : j'y aperçus pour la première fois la mer Rouge, que bornent d'un côté les rochers arides de l'Arabie pétrée, de l'autre ceux de l'Égypte : je goûtai l'eau de la source ; elle est très-salée, et c'est à peine si les bestiaux peuvent la boire. En attendant l'arrivée de nos gens, je dessinai ; mon compagnon de voyage s'amusa à chasser, et revint bientôt apportant un grand nombre de perdrix. La route jusqu'à Suez continue au milieu d'une plaine sablonneuse, dans laquelle les pieds calleux des chameaux ont tracé une foule de sillons : il n'y a pas un arbre, pas une plante aux environs de la ville. Nous laissâmes nos gens à un quart de lieue de la porte, et ne prîmes avec nous que Mahmoud pour y entrer, ne comptant pas nous y arrêter. Suez est moderne, il a remplacé l'antique Kolzoun, que la retraite des eaux de la mer Rouge a fait abandonner. Bâti sur un promontoire et entouré de murailles à l'Ouest et au Sud, il est défendu par la mer des deux autres côtés. Les rues y sont en général assez larges ; mais un air de misère y régne : on ne vend dans les bazars que quelques étoffes grossières et des comestibles. La partie Est de la ville est entièrement délabrée, et si l'on en excepte quelques khans assez bien bâtis, Suez ne renferme pas un édifice passable. Sauf les familles coptes et des Grecs employés comme constructeurs dans les chantiers, sa population est toute arabe; le pacha y a une faible garnison, commandée par un catcheff. Quelques commerçans s'y sont établis; les caravanes chargées de café et de marchandises indiennes y passent et alimentent seules encore son commerce. Jadis les Arabes étaient les véritables maîtres de Suez; ses habitans avaient chacun un protecteur, *Gafyr*, parmi les tribus errantes des environs du mont Sinaï, ce Gafyr garantissait la sûreté de la personne et des marchandises de son protégé, lorsqu'il allait dans le désert, et lui faisait rendre ce que d'autres Arabes lui avaient enlevé. L'habitant de Suez payait au Gafyr une redevance annuelle en argent, grains, vêtemens, etc. : cependant, à cette époque, la position de la ville était très-précaire; aussitôt que les bédouins étaient en querelle avec les gouverneurs du Caire, la route du désert n'était plus praticable; les caravanes étaient pillées et Suez manquait d'eau et de vivres. Les Arabes interdisaient les approches de la fontaine de Naba, qui en est à deux lieues, et la seule où l'on puise de l'eau potable, quoique très-mauvaise : on ne les en écartait qu'à force de présens. La terreur qu'ils inspiraient était telle, que souvent un seul enfant, placé au bord du puits, suffisait pour empêcher les habitans de Suez d'en approcher : on n'eût osé le faire malgré sa défense, de peur de se mettre en guerre avec sa tribu.

Aujourd'hui le pacha d'Égypte lui-même est Gafyr des habitans de la ville, il les protège eux et leurs marchandises, moyennant une rétribution de quelques piastres. Il y a quelques années cependant, qu'une caravane a été pillée sans que Mahomet-Ali ait rendu aux commerçans la valeur de leurs effets. Les vivres de Suez viennent presque tous du Caire; dans ses environs, il n'existe pas un pouce carré de terre cultivée; le sol y est imprégné de sel et l'air mal-sain : aussi la fièvre exerce de grands ravages pendant les fortes chaleurs. Les bâtimens qui font le commerce de la mer Rouge sont petits, s'éloignent rarement des côtes, et jettent ordinairement l'ancre pendant la nuit.

Ayoun-Moussé.

Nous nous disposions à quitter notre campement le lendemain, lorsqu'un obstacle imprévu vint entraver notre voyage : il est arrivé deux scheiks arabes, affirmant par serment que la tribu qui nous guidait n'avait pas le droit de mener à elle seule des voyageurs ; que celle dont ils étaient membres avait celui de livrer une partie des montures pour le prix convenu. Là-dessus une violente querelle s'engagea, et je vis le moment où l'on aurait recours au *sekini*[1] pour la vider. Hassan voulut s'en remettre à notre arbitrage ; mais, craignant de nous faire des ennemis de ceux aux vœux desquels nous ne pourrions condescendre, nous répondîmes que, ne connaissant pas les usages du pays, nous resterions neutres dans ce différend, et en remettrions la décision au catcheff du lieu. En effet, nous retournâmes à Suez, suivis d'une troupe d'Arabes qui se querellaient en marchant. Le gouverneur est un excellent homme, jamais Turc ne nous reçut plus amicalement ; il causa pendant fort long-temps avec nous, fit servir des rafraîchissemens et nous invita même

—————————————————————————

1 Poignard.

à rester pendant quelques jours dans sa maison ; mais, ne pouvant employer que deux mois au voyage de Syrie, nous n'acceptâmes pas son offre obligeante. Il remit la décision du procès des Arabes à un scheik général qui, fort heureusement, arrivait à l'instant avec une grande caravane : ce dernier décida que nos guides nous mèneraient seuls jusqu'au Sinaï, et que, plus loin, ils s'adjoindraient deux autres tribus et partageraient avec elles le prix que nous devions payer. Dès que ce jugement eut été prononcé, la dispute s'apaisa comme par enchantement ; les divers groupes de bédouins se serrèrent la main et vinrent avec nous au bivouac, où nous leur fîmes servir du café. Ceux qui n'étaient pas de notre troupe nous donnèrent, au moment de la séparation une peau de gazelle remplie de dattes excellentes ; ne voulant pas être en reste de politesse, nous leur offrîmes un sac de farine et de la mousseline : on se quitta avec de mutuelles assurances de bonne amitié.

Le passage de l'isthme de Suez est fort triste ; la mer étant haute au moment de notre départ, nous fûmes obligés de tourner la pointe la plus septentrionale du golfe : nous fîmes donc une lieue et demie en nous dirigeant vers le Nord, et en passant à côté de monceaux de décombres et de sable, qu'on croit être les ruines d'Arsinoë ou Clysma : non loin de là on retrouve les traces de l'antique

canal de Suez et on entre en Arabie. En marchant
vers le Sud, on voit, presque en face de la ville,
quelques mares d'eau sulfureuse et saumâtre, auprès
desquelles croissent divers groupes de palmiers
qu'entourent des lisières de verdure ; ce sont les
premiers que l'on voie depuis le Caire. Ces sources
prétendues portent le nom d'*Ayoun Musa* (fontaines de Moïse), et les Arabes croient que leur
existence est due à la baguette miraculeuse du légis-
lateur des Juifs : leurs eaux sont troubles et répandent une odeur infecte ; nos chameaux même
refusèrent d'en boire. Nous allons quitter ce lieu :
j'ai profité de l'heure que nous y avons passée,
pour écrire et dessiner ; lord Brabazon a chassé aux
environs et vient de me montrer plusieurs spatules
qu'il a tuées. Une peuplade d'oiseaux s'est établie
dans les palmiers du voisinage ; leur familiarité,
pendant notre repas, nous a beaucoup amusés :
ils venaient se placer à côté de nous sur nos dromadaires et manger les miettes que nous laissions
tomber, sans témoigner la moindre crainte. La vue
que l'on découvre d'Ayoun Musa est aussi variée
qu'une vue de désert peut l'être : le pays est entre-
coupé de monticules ; la haute chaîne de l'Arabie
ferme d'un côté le tableau, tandis que de l'autre la
montagne de Suez encadre la mer Rouge.

Ouadi-Garandelle.

Nous continuons à voyager dans les lieux que Moïse traversa avec son peuple, et qui paraissent n'avoir subi aucun changement depuis qu'il les a parcourus et décrits; ils sont habités aujourd'hui par la grande tribu arabe des Walets Saïde, qui se divise en douze autres. Nous quittâmes les fontaines de Moïse à deux heures après midi, et entrâmes, en nous dirigeant vers le Sud-Est, dans une plaine sablonneuse, parsemée de pierres de toutes couleurs, à laquelle nos guides donnèrent le nom d'El-Ahtha : des collines, dont le sommet dessine en général des lignes droites, l'entrecoupent en tout sens; on les prendrait de loin pour de petites citadelles : nous n'apercevions aucune trace de végétation; ici la nature est morte. Un vent violent s'était élevé et entraînait des colonnes de sable ou de poussière. Nous nous arrêtâmes long-temps après le coucher du soleil à une place non abritée, où nous passâmes une mauvaise nuit.

Je quittai mon triste gîte vers trois heures du matin; la plaine continuait encore : à ma droite s'étendait la mer Rouge, à ma gauche étaient les premières hauteurs de la chaîne de Tyh. Ennuyés de la marche lente de la caravane, nous prîmes les devants avec deux de nos gens : des collines nues, comme toutes celles que nous avons vues depuis Suez, forment les *ouadis* (vallées) de Sédar et de Ouardan ; elles sont habitées par des bédouins, dont le pillage est l'unique moyen de subsistance, et qui, à ce que nous dit Hassan, gardent avec soin quelques sources situées dans les montagnes voisines et inconnues aux autres tribus. Notre guide nous suivit en courant pendant dix bonnes heures ; enfin, il se rendit à nos prières et se mit en croupe derrière moi. La terre était couverte de pierres à feu et de cailloux, parmi lesquels je remarquai des coquilles pétrifiées ; nous passâmes devant la source de Howara, dont l'eau est trop amère pour pouvoir servir même aux chameaux : on la croit l'ancienne fontaine de Marah, que Moïse adoucit, lorsque l'amertume des eaux fit murmurer son peuple ; elle est à quinze lieues d'Ayoun Musa.

Vers le coucher du soleil nous arrivâmes à un plateau au sommet duquel croissaient deux palmiers ; de hautes montagnes, taillées à pic, l'entouraient à quelque distance : nous y fîmes halte pour attendre la caravane ; je mourais de faim et de soif, et je n'avais aucune provision avec moi. Un vent violent poussait vers nous des nuages de sable et une grêle de pierres, sans que nous eussions aucun moyen de nous en garantir : notre suite arriva bientôt ; nos guides, animés d'un zèle tout-à-fait extraordinaire, nous proposèrent d'aller plus loin : j'y consentis volontiers; la nuit était fraîche et très-claire. Nous entrâmes dans un nouveau désert, plus sauvage que tous ceux qui précèdent; on eût dit que ce lieu venait d'être le théâtre d'une épouvantable convulsion de la nature. Les montagnes qui le ceignent sont d'une grande hauteur; elles présentent des monceaux de sable et de rochers entassés les uns sur les autres, des pointes colossales qui s'élèvent vers le ciel à côté de profonds abîmes : il est impossible de se figurer une plus belle horreur. L'ardeur du soleil a donné au paysage des teintes brûlantes : nous arrivâmes fort tard à Ouadi-Garandelle, où nous comptions nous donner un jour de repos; nos montures en avaient encore plus besoin que nous. Un torrent coule à Ouadi-Garandelle [1] pendant l'hiver; des collines de sable s'y sont amoncelées; les sunts, les tamarisques et les dattiers y croissent en assez grande abondance. Une source coule à très-petite distance de l'endroit où nous nous sommes établis : nos Arabes y ont été ce matin pour faire boire leurs chameaux; je les ai suivis pour goûter l'eau, mais elle m'a paru plus mauvaise que celle des fontaines de Moïse. Hassan en fut fort étonné, et m'assura qu'ordinairement elle était potable.

---

[1] On a souvent cru retrouver dans Garandelle le lieu nommé dans la Bible *Élim*, où étaient des puits et des dattiers.

Ouadi-Faran (vallée de Faran).

Nous quittâmes avec peine Ouadi - Garandelle,
dont les bosquets avaient charmé nos yeux privés
depuis long-temps de verdure. Laissant nos domestiques, auxquels nous ordonnâmes de prendre la
route directe du Sinaï, nous suivîmes le chemin
qui mène à *Hammam Faraon* (bain de Pharaon).
Après avoir traversé, pendant deux heures, un pays
semblable à celui qui précède Garandelle, nous
aperçûmes au centre d'un bassin étroit, entouré de
montagnes, une petite oasis, où nous fîmes halte
pour laisser boire les dromadaires : la source de ce
lieu est ferrugineuse et salée ; elle baigne les pieds
de quelques palmiers ; l'oasis elle-même présentait
une surface couverte de joncs, au milieu desquels
paissaient quelques chèvres que gardaient des Arabes
à demi nus. Un peu plus loin, nous passâmes auprès d'un cimetière des habitans du désert et des
tombes de quelques Anglais qui ont fait naufrage
près de cet endroit : une vallée étroite mène au bord
de la mer, où s'étend une grève sablonneuse. Le
Dsjebbel Hammam Faraon [1], montagne très-élevée,

---

1 Montagne du bain de Pharaon.

composée de pierres calcaires, plonge à pic dans
la mer Rouge : nous en approchions lentement,
lorsque soudain nos trois dromadaires s'arrêtèrent :
Hassan, étendant son bras, nous fit voir des animaux qu'à leur peau tigrée je reconnus pour des
léopards; ils tournèrent autour du rocher, et en une
seconde ils avaient disparu. Nous approchâmes de
la montagne; des sources bouillantes et sulfureuses
s'échappent de ses flancs, où sont des grottes nombreuses et assez profondes. Hassan nous raconta
que Pharaon, enseveli sous le Dsjebbel pour avoir
méprisé les ordres que Dieu lui avait transmis par
la bouche du prophète Moïse, vomissait les eaux
thermales qui découlent de cette montagne. Le
bras de mer, dans lequel elles se jettent, porte également le nom de birket Faraon; nous y prîmes
un bain : le fond de sable y est brûlant à une grande
distance. Les bédouins malades viennent ici pendant
quarante jours pour se baigner : directement vis-à-
vis Hamman Faraon on voit les hautes montagnes
qui hérissent la côte d'Égypte.

Quittant ce lieu, nous nous dirigeâmes vers le
Nord-Est, pour reprendre le chemin du Sinaï, et
après avoir passé un désert jonché des fragmens
de montagnes éboulées, nous entrâmes dans une
vallée très-étroite, qui paraît être creusée par des
torrens; d'immenses rochers calcaires, d'une blancheur éblouissante, veinés de granit, laissaient à

peine assez d'espace pour que nous pussions toujours y marcher de front. Ces murailles naturelles sont tapissées de plantes grimpantes, dont le feuillage, d'un beau vert d'émeraude, porte à la fois des fleurs semblables, quant à la couleur, à celles du rododendron, et des fruits rouges qui ont à peu près la forme de grosses têtes de pavots. Les Arabes mangent ce fruit avec délices ; j'en cueillis un, il avait un goût âcre et nauséabond : je voyais à terre une quantité de fragmens de coquillages pétrifiés. Il nous fallut deux heures pour sortir de cette vallée singulière.

Quelques bassins plus larges lui succèdent ; nous traversâmes les ouadis d'Usaïtu, d'El-Humer et de Ouarsân, qui sont séparées entre elles par des gorges étroites et pierreuses. La dernière de ces vallées, qui renferme quelques petites oasis, est entourée de très-hautes montagnes : nous y rencontrâmes des caravanes peu nombreuses, et vîmes avec indignation que, sans songer à celles qui devaient les suivre, elles avaient réduit en cendres quelques-uns des bouquets de palmiers qui croissaient dans ce lieu. En avançant davantage, l'aspect de la nature devient sauvage et effrayant ; la forme des montagnes est de plus en plus singulière : ici l'imagination croit apercevoir un village entier ou un temple ruiné de construction égyptienne ; là ce sont des colonnades sans fin, ou des entassemens réguliers qui semblent des millions de ruches amoncelées les unes sur les autres : d'un autre côté, toute régularité disparaît, et la nature offre l'image du chaos. Les couleurs sont variées comme les contours; une montagne jaune-clair se détache sur un fond noir, rouge ou brun, et à côté un colosse blanc élève ses aiguilles menaçantes jusque vers la région des nuages. Le granit devient plus commun à mesure qu'on avance en Arabie.

Après dix heures de marche, nous nous retrouvâmes auprès de la plage, ayant devant nous le grand Dsjebbel el Mokkatteb.

Le spectacle que nous eûmes alors sous les yeux nous étonna encore, malgré les tableaux majestueux et bizarres qui s'étaient présentés à nos regards dans la journée. Devant moi j'apercevais la mer Rouge, que bornaient d'une part les montueux rivages d'Afrique, et qui, de l'autre, venait frapper avec furie la terrible et majestueuse côte de l'Arabie pétrée. A l'horizon s'élevait le Cerbal, l'une des pointes les plus gigantesques du pays : la plage était quelquefois assez étroite pour nous obliger de marcher dans l'eau; nous longions encore la mer, lorsqu'une scène nouvelle nous fit oublier pour un moment toutes les fatigues que nous avions supportées pendant cette journée. Le soleil venait de se coucher, et soudain, comme par magie, des flots d'or et de pourpre se répandirent sur la côte d'Afrique; la mer, en les réflétant de la manière la plus extraordinaire, darda des traits de lumière sur la chaîne arabique. Ces clartés paraissaient n'avoir rien de naturel, c'étaient des torrens de flammes semblables à celles d'un incendie qui aurait embrasé tout l'horizon : ce phénomène rappela involontairement à notre esprit les récits miraculeux qui ont rendu cette contrée si fameuse.

Nous parcourûmes encore les vallées de Chamele et de Dabur : notre caravane avait déjà fait son établissement dans cette dernière ouadi, lorsque nous la rejoignîmes.

D'après le conseil que m'ont donné plusieurs voyageurs, je m'abstins, autant que possible, de boire pendant la journée; j'arrivai au bivouac très-altéré, et je demandai de suite de l'eau : Salem me fit voir, en paraissant fort inquiet, que la seule outre, qui était encore pleine dans la matinée, avait crevé par accident, et que nous n'avions plus de quoi boire; j'en fus désolé, je souffrais beaucoup de la soif, n'ayant plus bu depuis le moment où nous nous étions arrêtés près de la petite oasis qui précède Hammam Faraon : je demandai s'il n'y avait aucune source dans le voisinage : on me répondit qu'il y en avait une, qu'on y avait déjà été, mais qu'elle était bouchée par le sable : j'eus la plus grande peine à m'endormir; la soif me brûlait le palais : mon compagnon paraissait également souffrant.

Nous nous remîmes en route de très-grand matin ; un vent perçant et froid qui venait de la mer, nous incommoda beaucoup pendant les deux premières lieues : nous passâmes alors les vallées de Barak et de Guiné, formées par des montagnes de granit et au milieu desquelles le sunt croît en assez grande abondance : franchissant alors une crête de montagne rapide et dangereuse, nous entrâmes dans l'ouadi *Israïtic*, entourée de blocs immenses de granit rouge, qui souvent ont la figure de pyramides plus gigantesques encore que celles de Djizé : cette vallée présente quelques points de vue très-rians. Le besoin extrême que j'avais de boire me rendait insensible aux beautés naturelles qui m'entouraient ; mes guides me répétaient sans cesse que bientôt nous trouverions des sources ; j'attendais : dix minutes plus tard je répétais ma question, je la répétais avec instance, comme s'il eût dépendu des bédouins de me faire arriver à la fontaine, objet de nos ardens désirs ; j'obtenais la même réponse et je prenais courage pour un nouveau quart d'heure.

Nous arrivâmes bientôt à l'endroit où une famille arabe avait momentanément fixé son établissement : une femme et trois enfans se reposaient au pied d'un jeune sunt ; le père n'était pas là. Un enfant d'une dizaine d'années s'avança vers moi en boitant beaucoup et me dit, après m'avoir salué à la manière de sa nation, *Hakim* [1], je suis malade, veux-tu me guérir? Au nom de Dieu, lui répondis-je, donne-moi à boire, je n'en puis plus de besoin; je ferai tout ce que tu voudras : mais, repliqua-t-il, je suis seul avec ma mère, nous n'avons presque plus d'eau; mon père est parti pour en aller chercher, il ne sera ici qu'au *mogguereb* [2]; car elle est loin : sa réponse m'affligea vivement; je ne me croyais plus capable d'attendre aussi long-temps qu'il le faudrait pour arriver à la source dont il parlait, et je joignis les mains d'un air suppliant. Pendant ce temps le jeune garçon avait dit quelques mots à sa mère et revenait avec une jatte de lait, que je partageai avec mon compagnon de voyage : il n'y en avait pas assez pour étancher complétement notre soif; mais au moins nous sentîmes renaître notre courage et nos forces. Je distribuai aux enfans un peu de kammeradin [3] qu'ils dévorèrent avec délice, et je dis au petit malade de m'expliquer ce dont il souffrait : il ôta un bandage de toile qui enveloppait son pied, et me montra un clou qu'il avait couvert d'un paquet de coton, ce qui, joint à une extrême mal-propreté, avait contribué à produire une forte inflammation. Je lui ordonnai de le laver aussitôt

---

1 Médecin.

2 Le soir.

3 Pâte d'abricots de Damas.

que son père reviendrait, et je lui remis de la toile
et un peu de farine pour en faire un cataplasme
avec du lait.

Cette famille arabe est de la classe la plus pauvre :
sa fortune consiste en quatre chèvres, deux chiens,
une casserole et une outre ; elle ne possède pas
même de tente : un arbre ou une fente de rocher
lui sert de gîte, elle en change aussitôt que le sol
sur lequel elle est établie ne fournit plus à la nourriture de son petit troupeau. Il est beaucoup de ces
familles dans les déserts qui avoisinent le Sinaï ; les
hommes d'un âge mûr vont quelquefois au Caire
pour y vendre du charbon et acheter quelques provisions ; retournant alors dans leur triste patrie,
ils cherchent leurs foyers dans des lieux voisins de
ceux où ils les ont quittés. Au-dessus de l'endroit
où habitaient ces Arabes, est une grotte naturelle
très-vaste : en sortant de la vallée, on entre dans
un bassin assez large, qui forme le commencement
de l'ouadi Mokkatteb.

Les parois de granit qui l'entourent sont à pic,
hautes de vingt à trente pieds et couvertes d'inscriptions très-mal tracées : l'ouvrage a été fait à la hâte
et d'une manière fort irrégulière ; les lignes mêmes
ne sont pas droites, et les lettres sont d'inégale hauteur. Au milieu de l'écriture on remarque aussi des
sculptures informes, représentant des chameaux, des
chèvres et des figures humaines. Parmi les inscrip-

tions il en est qui sont élevées de quinze à vingt pieds au-dessus du sol, et qu'il est impossible de distinguer, à moins de se servir d'une échelle; elles paraissent écrites de droite à gauche et ne renferment que de courtes sentences : je vis beaucoup de lettres grecques au nombre de celles qui couvraient le rocher; je distinguai également quelques croix, ce qui peut-être indique que les auteurs de ce travail étaient des chrétiens. J'observai des inscriptions semblables pendant deux heures et demie de marche : vous me blâmerez sans doute de n'en pas avoir pris copie : vous lirez mon récit tranquillement assis dans votre cabinet; mais n'oubliez pas que la fatigue et la soif avaient éteint en moi tout sentiment de curiosité : on se lasse quelquefois d'examiner même les choses les plus intéressantes ; une espèce de satiété morale, causée par la quantité d'objets que l'on rencontre, ôte l'envie de voir.

Nous continuâmes à marcher dans la direction du mont Cerbal, espérant camper de bonne heure dans la vallée de Faran, qui n'est plus qu'à une journée du Sinaï : j'avais pris les devants avec mon compagnon, lorsque j'aperçus Salem caché derrière quelques buissons, laissant couler dans un gobelet en bois de l'eau que renfermait une petite outre; je m'approchai de lui avec une véritable fureur : comment, infâme, m'écriai-je, toi, qui es un de nos Gafyrs, tu as de l'eau, tu nous vois mourans de soif, et tu ne nous en donnes pas une goutte, est-ce là l'hospitalité dont vous vous vantez, toi et ceux de ta nation? En un mot, mon cher ami, ma langue, desséchée depuis deux jours, retrouva toute sa volubilité pour lancer un torrent d'invectives contre le misérable qui, placé devant moi, pâle et les yeux baissés, n'osait me répondre une seule parole : enfin, il me donna de l'eau, elle était corrompue, blanche, amère et salée, en un mot, détestable ; cependant je la bus avec avidité. Je me remis en route : à deux cents pas de distance je tournai la tête, je vis Salem qui s'éloignait dans une direction opposée : depuis ce moment il n'a plus reparu.

Nous franchîmes encore des vallées très-arides, où nous rencontrâmes quelques jeunes Arabes; en les voyant courir nus et brûlés par le soleil au milieu des rochers, j'étais tenté de les prendre pour de mauvais génies : de semblables hôtes ne paraîtraient pas déplacés au milieu d'un paysage aussi épouvantablement beau.

Enfin nous entrâmes dans la célèbre vallée de Faran; son issue est étroite et garnie, des deux côtés, de hautes montagnes de granit rose. Après y avoir cheminé pendant trois heures, nous vîmes une jolie oasis, composée d'un groupe considérable de palmiers et de sunts, au milieu desquels quelques huttes en pierre ont été construites. Le mont Cerbal, qui paraît ici dans toute son immensité, et que terminent des milliers de pointes colossales, dominait le paysage. Nous sautâmes à bas de nos chameaux; un ruisseau clair, limpide et frais coulait au milieu des palmiers; une verdure touffue en tapissait les bords : en le voyant, nous poussâmes des cris de joie, j'y plongeai la tête entière avec un délice inexprimable, je voulais boire par tous les pores ; vous ne sauriez vous figurer la jouissance d'un semblable moment. On nous proposa d'aller plus loin, et de faire notre établissement dans une autre oasis, plus belle et très-voisine; mais lord Brabazon et moi nous n'y voulûmes pas consentir: nous venons de passer une soirée délicieuse, assis au bord de la source et à l'ombre des dattiers.

Sinaï.

Le jour suivant, nous avions à peine quitté notre établissement depuis un quart d'heure, lorsque nous arrivâmes à la grande oasis de Macharet, la principale de celles que renferme la vallée de Faran (ou Feyran), et l'une des plus belles de la presqu'île du Sinaï. A son entrée on aperçoit sur des roches les ruines d'une ancienne ville [1]; les maisons en sont petites, basses, bâties en pierre et au nombre d'environ cent quatre-vingts : du côté Sud on voit les restes d'un édifice plus considérable que les autres, bâti partie en pierre, partie en terre. Cette construction, quelques débris d'un aqueduc et un petit nombre de tombeaux hauts de deux ou trois pieds seulement, sont les seuls objets remarquables que présente cette ancienne cité. Mais les beautés de la nature y sont au-dessus de toute description. Un bois de palmiers et d'arbres auxquels nos guides donnèrent le nom de nabaks, ombrage l'oasis entière; d'énormes masses de granit, d'un rouge pâle, la garantissent des vents brûlans du désert; deux ruisseaux limpides coulent au milieu de la ver-

---

1 Les gens du pays lui donnent encore le nom de Faron.

dure; de petites huttes arabes sont bâties au pied
des arbres : des troupeaux de dromadaires et de
nombreuses compagnies de perdrix rouges animent
ce riant séjour. Je portais envie à l'heureuse tribu
qui l'habite : à une demi-lieue de la ville ancienne
on découvre un point de vue unique dans son
genre. Arrivé à un tournant de la forêt, le voyageur aperçoit soudain les pointes innombrables du
Cerbal, qu'enveloppe une vapeur du violet le plus
pur; d'autres, dont les teintes sont d'un jaune et
d'un rose éclatans, se croisent devant ce géant des
montagnes de la contrée; un brouillard bleuâtre
s'étend à leur base; des palmiers se détachent sur
ce magnifique tableau et en occupent le premier
plan. J'ai peut-être vu dans ma vie des objets aussi
grandioses; mais je n'ai jamais rien rencontré d'une
élégance aussi parfaite : je m'élançai à bas de mon
dromadaire : « Arrêtons-nous ici, dessinons, pei-
« gnons, dis-je à lord Brabazon, nous trouvons
« dans ce nouvel Éden de l'eau excellente, des
« fruits délicieux, consacrons-lui une journée. »
Mon compagnon y consentit : je joins mon dessin
à ma lettre. J'ai cherché à copier fidèlement; mais
la copie ne peut vous donner qu'une idée bien
imparfaite du modèle.

Nous quittâmes notre établissement avec un véritable regret, nous fîmes encore, dans la forêt,
environ deux lieues, puis nous entrâmes dans des

vallées plus larges et moins fertiles : il n'y croît que des plantes aromatiques et du sunt, dont les Arabes font le charbon qu'ils vont vendre au Caire, je remarquai une quantité de grottes peu profondes, creusées par la nature, et qui sont en partie habitées par les bédouins. Il en est une, entre autres, qu'ils ont convertie en magasin de grains : plusieurs de ces grottes ont servi de tombeaux ; sur une hauteur voisine j'aperçus les ruines d'une ville bâtie dans le même genre que Faran. [1]

Vers les trois heures après midi, nous nous séparâmes de notre caravane, ne prenant avec nous que Hassan et Mahmoud ; nous voulions suivre le chemin le plus court pour arriver au mont Sinaï : ce chemin est difficile ; des chameaux chargés n'y sauraient passer. Nous traversâmes plusieurs vallées encaissées dans des montagnes moins hautes que les précédentes ; le soleil couchant y répandait des teintes bleues d'un effet magique. Nous nous arrêtâmes à dix heures, au pied d'un rocher, et, après y avoir dormi pendant cinq heures, nous nous remîmes en route et arrivâmes bientôt au pied du *Dsjebbel Musa*[2]. Les Arabes donnent ce nom à la

---

[1] Faran a été autrefois la résidence d'un évêque ; des documens qui existent encore au mont Sinaï prouvent qu'elle renfermait un couvent.

[2] Montagne de Moïse.

chaîne de montagnes qui s'élève insensiblement depuis l'extrémité de la vallée de Faran jusqu'au Sinaï proprement dit, où se trouve le couvent de Sainte-Catherine, et qu'ils appellent Tur Sina.

La route monte graduellement aux approches du Sinaï ; elle devient trop escarpée et trop dangereuse pour qu'il soit possible d'y passer autrement qu'à pied : de distance en distance on suit un ravin étroit qui s'avance en corniche et est adossé à des masses de granit ; quelquefois un immense bloc de pierre obstrue tous les passages.

Après cinq heures de marche, nous entrâmes dans une vallée assez large, déjà fort élevée ; c'est le lieu où les Israélites sacrifièrent au veau d'or, tandis que Moïse était au sommet de la montagne. Le Sinaï, composé d'énormes masses de granit, se présentait alors à nos regards : la vallée se rétrécit à mesure qu'on avance ; bientôt elle ne forme plus qu'une gorge étroite, au milieu de laquelle s'élève le monastère où nous devions demander l'hospitalité. Ce couvent est bâti comme un château fort et entouré de très-hautes murailles. A en juger par sa construction, il date d'une antiquité assez reculée. On n'y a point percé de portes, pour le garantir encore davantage du pillage des Arabes ; les personnes qui y entrent passent par une fenêtre : un grand jardin, également entouré de hautes murailles, occupe le devant de l'édifice.

Nous ne fûmes point admis de suite; les moines étaient à la prière : nous nous arrêtâmes sous la fenêtre par laquelle on pénètre dans l'intérieur. Au même endroit était assis un groupe nombreux de ces Arabes vagabonds auxquels les cénobites paient une redevance journalière en pain ou en farine pour n'en être pas inquiétés. Ils reçurent nos guides en leur frappant deux fois dans la main d'après l'usage des hommes de leur nation : la troupe ainsi renforcée s'assit en cercle autour d'un grand feu et se mit à fumer en cuisant des galettes sous la cendre. Je profitai de ce temps pour faire le dessin qui sera joint à ma lettre : la montagne qui occupe le fond de l'esquisse, est celle où Moïse gardait les troupeaux de son beau-père Jéthro, au moment où il entendit la voix qui lui commandait de se rendre en Égypte; le couvent est bâti sur l'emplacement du buisson ardent.

Enfin on vint nous dire que les exercices religieux de nos hôtes étaient terminés : on nous jeta la corde à l'aide de laquelle nous devions entrer ; Mahmoud seul d'entre les Arabes fut autorisé à nous suivre. Le bâtiment est fort vaste; l'intérieur en est distribué en plusieurs rues et petites maisons séparées, que tapissent des treilles, des figuiers et des palmiers; il rappelle les couvens de l'Italie méridionale. On nous assigna le corridor des étrangers, où sont plusieurs jolies cellules et une petite cuisine; il est ouvert d'un côté et donne sur une cour intérieure.

Les moines nous reçurent d'une manière très-hospitalière; ils sont Grecs et au nombre de trente; leur ordre est astreint à un régime fort sévère, jamais ils ne mangent de viande : ils ont dans l'année quatre carêmes ou temps de jeûne, ont deux offices de jour et deux de nuit, et sont tour à tour domestiques de la maison. Nous assistâmes au service divin : je fus peu édifié de la cérémonie : elle n'avait nulle dignité, pas même de décence; et tout en faisant force genuflexions, les caloyers causaient tout haut ensemble et mangeaient des grenades. L'église est très-belle, décorée de marbres fort bien taillés et soutenue par quelques beaux piliers de granit. Le service terminé, on nous mena à neuf chapelles attenantes, parmi lesquelles est le lieu saint, élevé à l'endroit même où la tradition rapporte que se trouvait le buisson ardent : on n'en approche qu'à genoux et après avoir quitté sa chaussure. En sortant de l'église, je rentrai chez moi; mon Arabe Mahmoud, qui avait assisté à l'office, me suivait et dit d'un air de triomphe : « J'ai vu aujourd'hui la différence qu'il y a entre « la religon chrétienne et la religion mahométane; « chez nous on ne mange pas à la mosquée; pen- « dant la prière, on ne songe pas à autre chose, « et on se laisserait couper la tête plutôt que de

« regarder à droite et à gauche dans un lieu saint. »
Je lui répondis que, s'il assistait au service d'autres
sectes chrétiennes, il ne leur adresserait pas un
reproche qu'en cette occasion je trouvais fondé :
cependant je ne pouvais me défendre d'un sentiment pénible en comparant le recueillement et la
ferveur du Musulman à l'irrévérence que montrent
tant de chrétiens, lorsqu'ils s'acquittent de leurs
devoirs religieux.

On nous fit passer par une voûte souterraine,
garnie de doubles portes en fer, et où un homme
de taille ordinaire ne passe qu'avec peine, pour
nous faire arriver au jardin du couvent. Il est
vaste, très-bien tenu, riche en plantes potagères
et en arbres fruitiers. Notre conducteur nous donna
un panier d'oranges délicieuses. Nous traversâmes
le même couloir obscur pour retourner dans notre
logement. On est obligé d'observer ici plus de précautions que dans une ville assiégée. — « Ah ! Mon-
« sieur, me disait le vieux cénobite qui me con-
« duisait, nous sommes bien malheureux ; il
« n'existe pas sur la terre entière de brigands
« pires que les Arabes qui nous entourent. Nous
« ne pouvons jamais sortir de l'enceinte du cou-
« vent sans risquer d'être pris par eux, et alors
« ils nous maltraitent ou nous font payer de fortes
« rançons ; ils pillent la moitié des provisions
« qu'on nous envoie du Caire ; elles sont cepen-

« dant notre unique moyen de subsistance : ils
« montent sur les rochers voisins et tirent quel-
« quefois sur nous quand nous nous montrons
« aux fenêtres extérieures. Nous sommes obligés
« de leur donner tous les jours des vivres, et nous
« recevons pour prix de notre générosité des in-
« vectives et des mauvais traitemens. »

Sinaï.

Le vieux moine n'avait que trop raison, mon cher ami, jamais il n'a existé une plus infame engeance que les Arabes du Sinaï. Nous sommes dans une position vraiment cruelle. Hier matin nous nous approchions de la lucarne pour sortir du couvent et parcourir la montagne : au moment où j'allais descendre, j'entendis un épouvantable tumulte s'élever parmi les Arabes rassemblés sous la fenêtre; le supérieur, m'arrêtant, nous dit, à mon compagnon et à moi, que les bédouins nous défendaient de sortir du monastère, qu'ils ne nous permettraient de nous en éloigner qu'après avoir reçu une rançon, et que, du reste, ils conviendraient entre eux de celle que nous aurions à payer et de la manière dont on s'arrangerait à notre égard. Le perfide Hassan, notre guide, portait la parole. Nous sollicitâmes vainement une explication plus catégorique : il répondit d'un air brutal que dans la soirée on nous dirait ce que nous aurions à faire. Ce misérable, s'adressant au supérieur, lui demanda du pain et du café, et quoiqu'on lui donnât sur-le-champ une forte portion de ce qu'il avait exigé, il se répandit en injures et en menaces contre les moines et leur chef.

Nous retournâmes dans notre cellule, lord Brabazon et moi, désolés de ce que nous ne regardions encore que comme un contre-temps, et regrettant de ne pouvoir employer notre journée à parcourir le Sinaï. Mahmoud, voyant notre chagrin, s'approcha de nous et nous dit : « Seigneurs, je me trompe « fort, ou vous allez avoir des tribulations plus « grandes encore que celles auxquelles vous vous « attendez; vous avez à faire à d'infames scélérats, « mais comptez sur ma fidélité. Si, en attendant, « vous voulez voir la montagne, je vous y con- « duirai; j'y ai déjà mené un autre voyageur: les « bédouins sont assemblés sous la lucarne, nous « pouvons sortir par le jardin, ils ne s'en douteront « pas. » Nous acceptâmes la proposition de ce serviteur fidèle, en dépit des sollicitations de nos domestiques européens, qui voyaient un traître dans chaque Arabe, et nous prièrent de les dispenser de nous accompagner. Nous y consentîmes, et ayant passé par le jardin, nous sortîmes de son enceinte au moyen d'une corde, le long de laquelle nous nous laissâmes couler.

On commence à monter immédiatement derrière le monastère sur le mont Horeb, dont la pointe la plus élevée porte seule, à proprement parler, le nom de Sinaï.

Jadis, à ce que nous avaient dit les moines, des marches menaient au faîte de la montagne : cette espèce d'escalier n'existe plus; le sentier est escarpé, quelquefois même dangereux à force d'être encombré de blocs de granit rouge qui ont la forme de cônes anguleux ou de dés.

Après avoir grimpé pendant vingt-cinq minutes, nous trouvâmes un rocher immense, qui couvre de son ombre une source assez abondante, claire comme le cristal, fraîche et agréable au goût.

Ayant monté encore pendant une demi-heure, nous nous arrêtâmes auprès d'une petite chapelle, consacrée à la Vierge : en face de cet édifice est un escalier très-haut, imparfaitement construit en granit, entre deux parois de rochers, et qui se termine par une porte cintrée. L'on arrive alors à un plateau assez étendu, c'est là que se termine le Horeb; ce qui s'élève plus haut, constitue le Sinaï. On traverse une seconde porte, derrière laquelle est un couvent grossièrement construit, inhabité maintenant et consacré au prophète Élie. Un grand cyprès se balance au lieu où, d'après la tradition arabe, Moïse reçut la loi des dix commandemens.

On continue à monter pendant vingt minutes environ ; le sentier est de plus en plus difficile. Mahmoud me montra fièrement, en passant à côté d'un rocher, une empreinte presque effacée, qu'il me dit être celle du pied du chameau de Mahomet.

Il s'y agenouilla et récita quelques prières, tandis que nous poursuivions péniblement notre route. Enfin nous arrivâmes à la pointe la plus élevée de la montagne ; elle a tout au plus vingt-cinq pas de tour. On y voit une petite église, bâtie en granit, objet de la vénération de tous les pélerins. Elle est en fort mauvais état ; les bédouins prennent à tâche de la détériorer de plus en plus. Dans la persuasion où ils sont que les tables de la loi y ont été enfouies, ils ont fait des recherches pour les découvrir. Ils ont eux-mêmes une misérable mosquée à vingt-cinq pas de l'église, sur une pointe un peu moins élevée : le seul ornement qu'on y remarque est une corde, à laquelle ils viennent suspendre des lambeaux de diverses couleurs comme *ex voto*. Auprès de cette mosquée est une belle citerne ronde, taillée dans le granit.

La vue que l'on découvre du haut du Sinaï est admirable ; on aperçoit à la fois presque toutes les montagnes de la presqu'île : elles se croisent et se perdent dans un vaporeux horizon. Ce sont là les déserts de Sinaï dont parle Moïse : leurs masses élevées, qui sans doute recèlent d'abondantes richesses minérales, sont entrecoupées par d'étroites vallées et des plaines de sable ; leur sol desséché ne produit que quelques palmiers, des tamarisques, du sunt et des plantes aromatiques. La végétation doit être rare dans des pays où il ne pleut presque jamais et où il n'y a que peu de sources. Des bédouins pauvres et à moitié sauvages habitent cette contrée ; d'autres hôtes animent les déserts brûlans de la presqu'île de Sinaï. On y rencontre quelquefois des léopards et des loups, souvent des chèvres sauvages, des gazelles, des perdrix, des cailles, des pigeons et des oiseaux de proie, auxquels les habitans du pays donnent le nom de Rokham. Des lézards et des serpens vivent dans le sable et les fentes des rochers.

Nous redescendîmes au couvent de Saint-Élie, et nous dirigeant du côté occidental de la montagne, nous arrivâmes en moins d'une demi-heure à un couvent que Mahmoud nomma *el Erbayn* (les quarante). Un jardin assez vaste et quelques plantations d'oliviers en dépendent : craignant d'être aperçus par les Arabes, nous ne pûmes malheureusement les voir qu'à une certaine distance.

Nous rentrâmes au couvent de Sainte-Catherine [1] par la muraille du jardin. La consternation y était au comble. Rien n'avait été décidé par les Arabes relativement à notre affaire ; ils étaient encore réunis au pied de la lucarne, et demandaient impérieusement aux moines de leur envoyer des vivres

---

1 J'ai entendu nommer au Caire le couvent du Sinaï *couvent de la Transfiguration* ; mais les moines, en m'en parlant, le désignaient comme placé sous la protection de *S.ᵉ Catherine.*

et de monter au haut du Sinaï, afin d'obtenir de la pluie. Je ne concevais rien aux discours que j'entendais : « Comment, dis-je au supérieur, ces bédouins « vous regardent comme infidèles, et cependant ils « croient qu'ils obtiendront de la pluie, grâce à « votre intercession ! » — « Oui malheureusement, « me répliqua-t-il, ils sont persuadés que nous « avons en notre possession le Taurat, livre saint « envoyé à Moïse par Dieu lui-même, et qu'en « montant sur le sommet du Sinaï, et en ouvrant « le livre à notre rentrée dans le couvent, nous « faisons pleuvoir à volonté. Aussi ils s'en prennent « à nous dans les temps de sécheresse ; ils en feraient « autant en cas d'inondation : cette croyance, loin « de nous attirer leur respect, nous cause mille « peines. » Je partageais vivement le chagrin de ces bons religieux : quelle triste existence que la leur ! Isolés au milieu du monde, ne pouvant quitter leur prison sans courir de grands dangers, condamnés aux privations les plus pénibles, entourés de brigands, leur destinée est assurément des plus misérables.

Le couvent est, ainsi que je vous l'ai dit, placé au fond d'une vallée très-étroite et adossé d'un côté au mont Horeb que nous venions de visiter ; de l'autre côté s'élève la montagne de Sainte-Catherine. Je désirais beaucoup la parcourir, sachant qu'on y voit une chapelle et un pâturage plus beau qu'en aucune autre partie de l'Arabie pétrée ; mais les cénobites s'y opposèrent et me déclarèrent que, dans l'état actuel des choses, je ne pouvais m'y rendre sans m'exposer aux plus grands dangers.

Couvent du Sinaï.

Enfin, nous savons à quoi nous en tenir : les Arabes nous ont fait venir à la lucarne, et l'infâme Hassan, qui remplissait le rôle d'orateur de la troupe, nous déclara en peu de mots que nous ne sortirions du couvent qu'après avoir payé une rançon; que cette rançon, outre le prix convenu pour le voyage, serait de quinze cents piastres, si nous voulions retourner au Caire, et de trois mille, si nous préférions aller à Jérusalem. Je répondis avec tout le sang-froid dont j'étais capable, qu'on ne pouvait ignorer que notre dessein était de faire le pélerinage à Jérusalem, que tel avait été l'unique motif de notre voyage, mais qu'ayant payé d'avance les frais de route, nous n'avions emporté que peu d'argent comptant, et que nous voulions nous engager à remettre les trois mille piastres demandées, aussitôt après notre arrivée à Jérusalem, où nous devions toucher des fonds. On me laissa à peine achever ma réponse : tous les Arabes se mirent à parler à la fois, à gesticuler, à se disputer; je vis bien que les uns étaient d'avis d'accepter ma proposition, les autres de la refuser; mais au milieu du bruit épouvantable qu'ils faisaient, il me fut impossible de saisir une seule parole.

L'orage s'étant un peu calmé, Hassan me répondit, que mon offre ne pouvait leur convenir, qu'il leur fallait de l'argent sur-le-champ, et que, s'ils n'étaient pas payés le lendemain matin au lever du soleil, tous les Arabes partiraient, emmenant les chameaux et les dromadaires. — « Tu ne peux pas « traverser le désert à pied et sans guide, me dit-« il d'un air moqueur, et si tu l'essayais, n'ayant « personne de nous pour te protéger, tu t'en trou-« verais mal. » — J'ai la moitié de la somme que vous demandez, répondit lord Brabazon, je vous la remettrai ; laissez-nous aller à Jérusalem, et je vous y paierai ce qui vous sera encore dû. — Un tumulte plus épouvantable que le premier s'éleva alors, et enfin Hassan s'écria : « Tu as la moitié de « la somme, paie-la ; c'est ce que nous deman-« dons pour vous laisser retourner au Caire ; aussi « bien il faut que nous y allions, nous avons du « charbon et des dattes à vendre. » — Je n'y tins plus : je m'élançai à la fenêtre, suffoqué de fureur. « J'en jure par Dieu et les saints, m'écriai-je, si « vous nous forcez à retourner au Caire, je pu-« blierai ta honte, Hassan ; je raconterai qu'un « Arabe que j'avais payé pour me mener à Jérusa-« lem, m'a ramené de force en Égypte en dépit « de ses promesses et des lois de l'hospitalité. » — Notre Ghafyr m'ajusta au moment où je parlais encore et me menaça de tirer si je disais un mot de plus. — Un autre bédouin répondit que ce que je disais n'était pas vrai; que si je ne voulais pas retourner au Caire, je n'avais qu'à rester au couvent : puis ils levèrent tumultueusement la séance, en répétant qu'ils viendraient savoir notre dernière résolution au Mogguereb. — Telle est actuellement notre position : il faut renoncer au voyage de Syrie, objet de tous nos désirs; car, ayant des lettres de crédit pour Jérusalem, nous n'avons plus que l'argent comptant nécessaire pour faire notre aumône au couvent, et payer les quinze cents piastres demandées pour retourner au Caire. Nous ne pouvons songer à rester ici; qu'y deviendrions-nous? quand l'occasion d'en sortir se présenterait-elle? Les moines nous conjurent de ne point nous livrer aux Arabes. « Vous voyez ce dont « ils sont capables, nous disent-ils; qui peut vous « garantir ce qui vous arrivera, lorsque vous serez « en leur pouvoir? » Cela est vrai, mais il n'y a pas d'autre parti à prendre; il faut donc se soumettre de bonne grâce à la nécessité, et courir les chances de notre situation nouvelle.

L'ingratitude de Hassan et de ses compagnons est révoltante; nous les avons comblés de bontés depuis le moment où nous avons quitté le Caire. Demain matin nous nous livrons à eux.

Je suis, etc.

LETTRE LV.

Commencée dans la presqu'île du Sinaï, terminée à Alexandrie.

Toutes nos pensées se rapportent au Caire ; le désir d'y arriver nous occupe uniquement, notre position est insupportable. Le lendemain de la scène qui termine ma dernière lettre, nous nous rendîmes à la lucarne du couvent, au moment où le soleil levant dorait les sommités les plus élevées du Sinaï. La rançon payée, les Arabes furent sur le point de s'entr'égorger, lorsqu'ils en firent le partage. Nous prîmes congé de nos hôtes, et, armés jusqu'aux dents, nous descendîmes au milieu de la horde. Le tumulte durait encore : un vieillard parvint à l'apaiser, et, s'approchant, il nous fit quelques signes pour nous prouver qu'il était secrètement notre ami et notre protecteur. Le courageux Mahmoud reprocha aux Arabes leur conduite dans les termes les plus énergiques, et refusa la main de plusieurs d'entre eux. Adossés pendant quelques instans contre le mur du monastère, nous restions immobiles.

Hassan s'approcha de moi, sa vue seule me fit frémir de colère, et involontairement je portai la main à la crosse de l'un de mes pistolets. — « Ne
« me touche pas, traître, m'écriai-je, toi qui me
« vends, après avoir mangé le pain et le sel avec
« moi. » — « Ce n'est pas vrai, dit-il, c'est mon
« père qui a mangé avec toi, je ne l'ai jamais fait; »
et il accompagna ces paroles d'un sourire qui exprimait à la fois la confusion et la scélératesse...
Quoi qu'il en soit, lui répondis-je, je te méprise
plus que l'animal le plus vil; si j'étais de ta nation,
tu me ferais honte, et j'aimerais mieux mourir que
de toucher la main d'un perfide tel que toi. Lord
Brabazon prit la parole à son tour. « Vous voyez,
« dit-il, que nous sommes bien armés; nous ma-
« nions fort habilement le sabre, le poignard et
« le pistolet; si quelqu'un de vous nous approche
« de plus de dix pas d'ici au Caire, sa cervelle
« saute à l'instant, et nous aurons soin d'être tou-
« jours sur nos gardes; car nous savons qu'on ne
« peut se fier à des hommes comme vous. » —
Nous partîmes. Au moment de nous mettre en
route, nous vîmes qu'on avait remplacé nos dromadaires par des chameaux horribles, bons uniquement à porter les fardeaux; nos protestations à
cet égard furent inutiles : on nous répondit que si
cela ne nous convenait pas, nous n'avions qu'à aller
à pied. La caravane suivit un chemin différent de

celui que nous connaissions déjà. Je demandai à
Mahmoud les noms des vallées que nous traver-
sions ; il les ignorait : s'en étant informé auprès des
bédouins, on lui répondit que cela ne le regardait
pas , et qu'un fellah comme lui n'avait nullement
besoin de savoir comment on appelle les lieux habités par les tribus du désert. On fit halte de bonne
heure. Une nuit froide pour ce climat ajouta aux
désagrémens de notre position. La troupe des gens
qui nous accompagnaient avait déjà considérablement diminué : au moment de notre départ du
couvent ils étaient cinquante ou soixante ; ils ne
sont plus maintenant que douze : ceux qui n'ont
rien à faire au Caire nous quittent, et si ceux qui
y vont n'avaient pas leur charbon à vendre, nous
serions déjà abandonnés.

Le désert que nous parcourûmes pendant les
journées suivantes, est d'une effrayante aridité ; les
vallées sont plus étroites et les chemins plus dangereux que ceux que nous avons suivis pour aller
au Sinaï. Cette nature sauvage est cependant toujours admirable sous le rapport des formes qu'elle
déploie. Le Cerbal, qui domine constamment les
autres montagnes, est beau de tous les côtés. Mais
comment puis-je jouir de quelque chose, lorsque
je songe que nos jours sont à la merci des scélérats qui nous entourent? Cependant les souffrances
qui accompagnent notre voyage ne sont pas ce que

je supporte le plus difficilement : je vous l'avoue
même, je me suis surpris plusieurs fois, disant à
mon compagnon : « Si nous nous en tirons sains
« et saufs, le souvenir de nos aventures nous amu-
« sera un jour. » Mais ce qui me peine réellement,
c'est de parcourir des lieux célèbres sans pouvoir
m'y arrêter et observer comme je l'aurais voulu ; c'est
de me trouver à quatre journées de Jérusalem, sans
avoir la possibilité de voir la cité sainte, et cela
par suite d'une indigne trahison.

Nous sommes établis depuis plusieurs jours dans
une vallée assez large, bornée par des montagnes
de granit rouge ; une grotte profonde nous pro-
cure un abri sûr et commode, et un vaste terrain, où croissent des plantes aromatiques, fournit
à la nourriture des chameaux. Quand nous avons
demandé pourquoi on ne partait pas d'ici, on a
d'abord dédaigné de nous répondre ; enfin nous
avons appris que l'on attendait encore quelques
frères qui vont également au Caire. Ce qui nous
arrive suffirait pour guérir à jamais de leur enthousiasme les admirateurs des mœurs patriarchales.
Cependant les événemens ne me rendront pas in-
juste ; j'ai eu le malheur de me trouver avec l'écume
des Arabes ; ce ne sera jamais d'après eux que je
jugerai la totalité de leur nation. Je sais que le plus
grand nombre d'entre les bédouins pratiquent des
vertus qui honorent l'humanité, et que la trahison

de nos Ghafyrs leur fera autant d'horreur qu'elle
en pourrait causer parmi les nations les plus civi-
lisées.

Nous passons notre temps à nous promener
dans le voisinage sans quitter nos armes : j'écris
et je dessine, tandis que mon compagnon veille
à notre sûreté ; je lui rends ensuite le même service : nous sommes de garde, chacun à notre tour.
Toutes les fois que les bédouins nous voient la
plume ou le crayon en main, ils sont persuadés
que nous nous occupons d'opérations magiques ;
ils nous insultent et nous craignent tout à la fois.
Quand je suis de bonne humeur, je m'amuse à leur
faire prendre le blanc pour le noir ; ils ajoutent foi
à tout ce qu'on veut bien leur faire croire : hier
matin le ciel couvert semblait annoncer de la pluie ;
les Arabes en étaient enchantés : je dessinais, les
nuages se sont dissipés ; c'était donc moi seul qui
en étais la cause ; la preuve était évidente : l'orage
s'était éloigné tandis que je tenais mon crayon ; que
voulait-on de plus ? Aussi on ne m'a pas épargné
les reproches, et ils m'ont été prodigués dans les
termes les plus insolens. Je ne m'en étonne guère,
ils ne sont pas plus polis entre eux : à tout instant
éclatent des querelles ; leur ton s'élève, leurs yeux
étincellent, leurs gestes se multiplient et leur bouche écume ; ils portent la main sur leurs poignards
et se maudissent réciproquement ; — et (j'éprouve

quelque honte à vous le dire) ce spectacle n'a d'intérêt pour moi que par l'idée que je serais débar-
rassé de quelques-uns de ces infames scélérats. Si
jamais vous lisez ma lettre, cet aveu vous étonnera
sans doute; j'en serai peut-être surpris moi-même
en la relisant un jour; mais cela me rappellera que
les événemens peuvent changer le caractère, et que
celui dont l'humeur semble douce et égale au sein
de la paix et du bonheur, peut devenir bien différent
de lui-même dans des circonstances dangereuses ou
pénibles. Un état de souffrance continuelle produit
une irritation d'organes dont il est impossible de
se faire une idée dans les situations paisibles de la
vie. Je ne me reconnais plus moi-même: je me sens
dominé par des pensées de colère et de vengeance;
je voudrais les éloigner, mais elles reviennent toujours.

Ayoun - Moussé.

Enfin nous nous sommes remis en route ; quatre nouveaux venus se sont réunis à nos guides, ou plutôt à nos perfides gardiens. On les a reçus en leur serrant la main, en leur servant un repas dont naturellement nos provisions ont fait les frais. Depuis, on s'est querellé avec eux, et j'ai vu le moment où Hassan en assommerait un. On ne conçoit rien à ces gens-là ; ils se saluent de la manière la plus amicale, se disputent dix minutes plus tard, et s'égorgent ou se raccommodent : ils mènent la vie de brigands d'une manière patriarchale.

Après avoir quitté notre dernière halte, nous entrâmes dans une vallée où s'élevaient huit ou dix pyramides naturelles d'une étonnante régularité ; un bassin plus large et peu pittoresque lui succède ; des fragmens de rochers l'entourent ; à leurs pieds croissent quelques plantes aromatiques : un troupeau de chèvres, gardé par des femmes bédouines, animait cette triste contrée.

Nous manquions d'eau ; on en chercha à une source éloignée de deux lieues : elle était à peine potable. La journée suivante fut très-pénible ; nous ne quittâmes presque pas la selle pendant quinze heures; heureusement, grâce à l'intercession du vieil Arabe Ibraïm qui nous favorisait, on m'avait permis de remonter sur mon ancien dromadaire. Nous arrivâmes excédés de fatigue à Ouadi-Garandelle, d'où nous devions retourner au Caire par le chemin que nous avions suivi en venant au Sinaï. Je remarquai que ce vieillard, le seul des bédouins qui récitât ses prières, faisait ses ablutions avec du sable : cette manière de se purifier est autorisée par la loi musulmane. Nous fîmes notre établissement au pied de quelques buissons. Le lendemain nous parcourûmes la plaine monotone qui s'étend de Garandelle à la mer Rouge, et bivouaquâmes à quelques lieues d'Ayoun-Moussé. Nous venons d'arriver à ce dernier endroit; il y a quatre heures que nous avons quitté notre campement. Nous avons trouvé les sources beaucoup plus bourbeuses que la première fois, cela ne m'a pas empêché d'y prendre un bain; j'en avais un besoin extrême : depuis le moment où j'ai quitté le Sinaï, cette jouissance ne m'avait plus été permise.

Désert de Suez.

Nous arrivâmes au bord de la mer Rouge au moment du reflux; Hassan décida que les chameaux chargés de charbons feraient le tour du golfe de Suez, et que nous passerions le bras de mer à gué sur nos dromadaires. Le trajet se fit heureusement; cependant pendant deux minutes environ, nos montures, perdant pied, se mirent à la nage. Le catcheff de Suez, assis devant sa maison, nous avait reconnus, et nous fit prier de descendre chez lui. Il s'étonna beaucoup de notre prompt retour; mais comme il n'a pas le droit de faire punir nos Gafyrs, nous jugeâmes à propos de lui faire à ce sujet une réponse évasive. Cet excellent homme nous fit une réception très-cordiale, nous offrit une collation, et parut peiné quand nous lui apprîmes que nous ne resterions pas chez lui, et que nous comptions quitter Suez à la nuit tombante. Il nous fit une foule de questions sur les Français et les Anglais, et demanda des nouvelles de Bonaparte.

Notre caravane était déjà établie à la première fon-

taine de Suez, lorsque nous y arrivâmes. Près d'at-
teindre une ville amie, nous jouissions du bonheur
de nous voir en sûreté. Nous partîmes assez tard le
jour suivant, et restâmes à la seconde fontaine pour
déjeûner, tandis que la caravane prenait les devants.
La conduite des Arabes a changé du moment où
ils se sont vus hors des déserts de la presqu'île du
Sinaï; leur insolence a fait place à la soumission.
Ce qui me paraît inconcevable, c'est qu'ils n'ont
aucune crainte pour l'avenir; dès qu'on cesse de
disputer et de crier, ces gens croient qu'on a oublié le sujet de la querelle, et ils sont persuadés
que, rendus au Caire, ils n'auront aucun compte à
nous rendre.

Nous rencontrâmes plusieurs caravanes fort nombreuses; l'une d'entre elles était destinée à l'établissement d'une fontaine dans le désert : ses chameaux
étaient énormément chargés et portaient d'immenses
madriers, sans paraître accablés sous le poids. On
m'en montra un âgé de trente-six ans qui chemine
encore assez lestement. Je m'amusai beaucoup de
l'accoutrement de deux hommes, qui, à en juger
par leur costume et les traits de leur visage, ne
peuvent être que des juifs polonais; Dieu sait comment ils sont venus jusqu'ici. Quoi qu'il en soit,
ils étaient assis dans deux cages suspendues à la
droite et à la gauche d'un même chameau; le pauvre animal portait en outre leurs hardes et leurs

provisions. Mahmoud ne laissa pas échapper une si belle occasion de vanter sa patrie, et me dit d'un air triomphant: « Que c'était là un dromadaire « de sa haute Égypte (il y est né), qu'il faisait « quatre fois plus de besogne que les autres, etc. » Il était au milieu de son panégyrique, lorsque, comme pour lui donner le démenti, le malheureux animal, qui en était l'objet, tomba lourdement dans le sable. Nous en rîmes beaucoup, lorsque nous vîmes que les juifs avaient eu plus de peur que de mal; ils étaient tombés sens dessus dessous dans leurs cages : on eut beaucoup de peine à les remettre sur jambes et plus encore à calmer une matrone israélite qui avait jeté les hauts cris en voyant rouler son mari. Ce petit épisode diminua un peu les ennuis d'une journée de marche fort monotone. Nous la terminâmes au pied d'un grand rocher, qui nous offrait un abri passable.

Aujourd'hui il n'y a pas eu moyen de faire partir les Arabes avant sept heures du matin. Nous nous sommes un peu vengés de ce retard, en prenant les devants et en nous arrêtant, lorsque la journée était déjà fort avancée, dans un endroit dépourvu de verdure : nous venons de faire un repas consistant en biscuit et en fruits secs, et comme ils n'ont d'autre provision que de la farine, dont ils ne peuvent faire usage dans un lieu dépourvu de ronces et de fumier sec, et qu'ils n'osent plus nous faire violence, nous nous sommes donné le plaisir de les faire jeûner ce soir. Notre provision d'eau est corrompue, blanche et infecte : quelque grande que fût notre soif durant la journée, il nous a été impossible de surmonter le dégoût qu'une semblable boisson nous faisait éprouver.

Alexandrie.

Peu d'heures après que j'eus écrit le dernier
paragraphe de mon journal, nous aperçûmes la
verdoyante Égypte : nos cris de joie saluèrent le
Nil, les pyramides, le Caire et les bosquets de
palmiers qui se déployaient à l'horizon ; il nous
semblait que déjà nous touchions au sol natal :
jamais la verdure ne nous avait paru si belle ; la
nature avait à nos yeux un air d'enchantement.
Je pris les devants avec Mahmoud : arrivé à la porte
de Bab-el-Fetou, je lui laissai mon dromadaire ;
je montai un âne et me rendis au consulat avec
toute la célérité possible. On fit aussitôt chercher
quelques soldats du corps-de-garde voisin ; ils se
cachèrent dans le quartier Franc. Un instant après,
lord Brabazon arriva avec la caravane ; nos infâmes
guides s'occupaient à décharger les chameaux : au
signal que je fis, les soldats s'élancèrent sur eux,
les désarmèrent et se disposèrent à les mener en
prison. Leur mauvaise conscience les rendait muets,
et ils n'essayèrent pas même de se justifier. Nous
ne gardâmes auprès de nous qu'Ibraïm et Mahmoud,

dont nous voulions récompenser la fidélité. Comme nous en étions au mardi, jour de vacance du tribunal, je ne pus y porter ma plainte.

L'affaire devait être jugée le mercredi ; nous nous rendîmes de bonne heure à la salle de justice ; elle est très-grande et bien construite : une foule considérable nous y avait précédés. Nos coupables y étaient également dans un coin et s'approchèrent de nous, pour tenter de nous fléchir. Lorsque le grand-juge arriva, nous nous décidâmes à attendre que la foule se fût écoulée pour exposer notre affaire.

J'assistai à un grand nombre de sentences, qui toutes furent rendues d'une manière très-expéditive, d'après l'audition des témoins.

Notre tour vint ensuite, mais le prononcé n'eut pas lieu, parce que le scheik Fanous affirma sur sa tête que, d'après l'accord qu'il avait conclu, il devait simplement nous mener au Sinaï et nous reconduire ensuite au Caire.

Le lendemain, nous parûmes avec des témoins qui avaient assisté à la conclusion de notre traité avec Fanous, mais leur audition n'était plus nécessaire ; nous apprîmes, dès notre entrée au tribunal, que la déposition d'un autre scheik arabe avait dévoilé la friponnerie, qu'on nous rendrait la somme que nous avions payée au Sinaï, et que les coupables subiraient le châtiment du Kourbasch, qui consiste à recevoir des coups bien sanglés avec un nerf d'hippopotame sur le corps mis à nu. Quant au dernier article, je demandai avec instance qu'on leur en fît seulement la peur, et que la grâce fût accordée avant le premier coup; mais le juge fut inflexible, et répondit qu'il s'agissait, outre notre satisfaction personnelle, de celle du pacha, dont on avait méprisé les ordres, en maltraitant des étrangers dans ses États et en violant la sûreté publique. Tout ce que je pus obtenir, ce fut une diminution sur le nombre des coups qu'ils étaient condamnés à recevoir. La colère que m'inspirait ordinairement la présence des coupables, le souvenir de nos dangers et des insultes qu'il avait fallu supporter, cédèrent en ce moment à la pitié. Je me retirai, voyant que je ne pouvais rien faire de plus pour eux. Cependant notre affaire avec les Arabes n'était point encore terminée. Quoique condamnés, ils refusèrent obstinément de nous rendre l'argent qu'ils nous avaient extorqué au couvent de Sainte-Catherine. Pour les décider à payer, il fallut les menacer de laisser mourir de faim leurs dromadaires, qui étaient restés en notre pouvoir depuis le moment où les bédouins avaient été jetés en prison.

Nous passâmes encore huit jours au Caire : j'y ai reçu des lettres qui me rappellent en France; dès-lors j'ai renoncé au projet de parcourir la Syrie et j'ai pris congé avec un bien grand regret de la capitale de l'Égypte et des amis que j'y ai laisses.

Nous sommes venus à Alexandrie en passant par Rosette.

M. de Châteauville, commandant d'une corvette française, veut bien nous recevoir à son bord. Il se rend à Smyrne, où nous espérons rencontrer, plus facilement qu'ici, une occasion pour Corfou ou Toulon. Tout nous promet une traversée agréable : nous avons fait connaissance aujourd'hui avec les officiers du bord, qui nous ont accueillis de la manière la plus aimable. Nous mettrons sous voile aussitôt qu'on aura fait au bâtiment quelques réparations urgentes.

Je suis, etc.

LETTRE LVI.

Toulon.

Peu de jours après que j'eus terminé ma dernière lettre, je quittai Alexandrie avec un vrai chagrin, d'après un proverbe égyptien : « celui qui « a bu une fois des eaux du Nil, revient sûrement « pour en boire encore. » En effet, lorsqu'on a connu l'émotion indéfinissable et les jouissances profondes que l'on éprouve en visitant un pays si riche en souvenirs, si fécond en ruines imposantes, il est impossible de ne point songer à y retourner. Nous sortîmes du port vieux de fort bonne heure ; les pilotes du lieu vinrent à notre bord pour nous faire traverser la passe du milieu. Ces gens reçoivent quarante francs pour les bâtimens de guerre qu'ils font entrer ou sortir, et vingt francs pour les navires marchands : ils gagnent beaucoup et ne sont soumis à aucun impôt ; mais ils doivent pourvoir à l'entretien de leurs confrères, à qui leur âge

ou leurs infirmités ne permettent plus de servir.
Il n'existe en Égypte aucune autre institution
aussi philanthropique ; au reste, ces pilotes sont
assez habiles ; mais leurs chaloupes, mal construites
et encore plus mal équipées, ne pourraient sortir
du port pour aller au-devant des vaisseaux qui
arriveraient par un gros temps. Nous eûmes beaucoup de mer durant le premier jour de notre traversée ; la seconde journée nous fut plus favorable.
Nous filâmes huit nœuds sans avoir de roulis, et
nous fûmes bientôt en vue des masses colossales
de Caxos et de Scarpante. Le soleil, perçant des
nuages épais, éclairait d'une manière admirable
leurs énormes rochers entremêlés de verdure.

Scarpante, l'ancienne Carpathos, donnait son
nom à la mer Carpathienne, qui s'étendait de l'île
de Rhodes à celle de Candie. Quoique peu étendue, elle contenait quatre villes au temps de Strabon, qui, pour cette raison, l'appelle Tétrapolis ;
ses ports sont bons ; ses montagnes contiennent,
à ce qu'on assure, des mines abondantes, qui ne
sont point exploitées : son territoire est fertile. La
fable fait de Carpathos la patrie de Minerve.

Un large détroit la sépare de Rhodes, que j'eus
le regret de ne pouvoir visiter, et à laquelle sa
forme, à peu près triangulaire, avait fait donner dans
l'antiquité le nom de Trinacria. Nous passâmes
fort près ; placé sur le pont du bâtiment, je cher-

chais à rappeler à ma mémoire les souvenirs qui ont illustré cette île ; en même temps un des officiers de notre corvette me donnait des détails sur son état actuel.

Rhodes, que Pindare nomme la fille de Vénus et l'épouse du Soleil [1], fut dans l'antiquité une république riche et puissante ; depuis elle a été illustrée par les exploits des d'Aubusson et des Villiers de l'Isle-Adam.

D'après ce que me disait l'officier qui était avec moi sur le pont, plusieurs choses rappellent que Rhodes fut pendant quelques siècles sous la domination des chevaliers de S. Jean. Leur église est devenue la principale mosquée de la ville ; mais le port, jadis sûr et commode, est aujourd'hui presque ensablé et ne peut plus recevoir que des bâtimens marchands de petite dimension ; la tour de Saint-Jean qui en défendait l'entrée, et le môle qui le divisait, existent encore ; les deux anses qui étaient à côté du grand port, sont presque comblées. Non loin de là, on montre les chantiers de construction de la marine ottomane ; de charmans vergers entourent la ville. Quoique montueux, le sol de Rhodes, arrosé par une infinité de sources et par la rivière de Candura, est très-fertile. Le climat y

---

1 L'Ode, dans laquelle il donne ce nom à Rhodes, fut gravée en lettres d'or sur le temple de Minerve à Lindos.

est tempéré, l'air pur ; les fruits, le raisin, le blé
et les pâturages y sont excellens : cependant plusieurs parties de l'île, cultivées autrefois, sont abandonnées actuellement aux ronces et aux plantes parasites. Sa capitale est la seule ville qu'elle renferme ;
le bourg de Lindo, bâti auprès d'un port peu spacieux, rappelle l'ancienne Lindos, située dans la
partie la moins fertile de l'île ; le village grec de
Camyro fait seul reconnaître l'emplacement de Ca-
myros : les derniers vestiges d'Ialyssos ont disparu.

Depuis long-temps Rhodes n'a plus été sujette
aux tremblemens de terre, mais la peste y a fréquemment exercé ses ravages. Les Grecs de l'île
ont la réputation d'avoir hérité du goût de leurs
ancêtres pour le commerce et la construction des
vaisseaux ; leur amour pour la liberté, les arts et
les sciences n'existe plus. La position de Rhodes
pourrait la rendre un point très-important pour
le commerce. Les promontoires de Lindo, de Pa-
ravi, de Tenda, de Saint-Jean, de Candura, et le
cap *Tranquille*, le plus méridional de l'île, forment plusieurs baies sûres et profondes. Rhodes
abonde en gibier, et la pêche qu'on fait le long des
côtes lui mériterait, de nos jours encore, le sur-
nom de poissonneuse, qu'elle a porté dans l'antiquité.

Tandis que mon compagnon me communiquait

ces observations, une brise assez fraîche nous poussait vers le Nord. Nous laissâmes à notre droite les îles arides de Karki, de Limonia, de Piscopia, de la Madonne et de Nisari; le temps, parfaitement serein, nous permettait d'apercevoir les hauteurs de la côte d'Asie et l'entrée de la grande baie de Simia. A la gauche de notre route étaient les îlots rocailleux de Schrofri, de Safrani et de Saint-Jean; et enfin Stampalie, l'ancienne Artypalée, dont la côte, déchirée et sinueuse, présente à chaque instant des anses et des mouillages; ses habitans tiennent, dit-on, de la douceur de leur sol un caractère aimable et hospitalier.

Au nord-est de Stampalie s'élève Stancho, connue jadis sous le nom de Cos, et patrie d'Hippocrate. Le grand bourg de Stancho, bâti au bord de la mer, est aujourd'hui le chef-lieu de l'île. Sa situation est riante; il est entouré de bosquets d'orangers et de citronniers : leurs fruits sont devenus un objet de commerce assez important; on en exporte dans tout le Levant. Le port de Stancho ne peut recevoir que de petits bâtimens; les navires plus considérables mouillent dans une rade extérieure pendant la belle saison; car elle est dangereuse lorsque règnent les vents du Nord et de l'Ouest. C'est à Stancho que l'on voit le fameux platane qui couvre de son ombre une petite place publique : les habitans ont élevé des fragmens de colonnes antiques pour soutenir ses branches, que leur propre poids aurait brisées depuis long-temps, si elles étaient privées de cet appui. Au pied de l'arbre coule une fontaine. Ce platane forme un immense dôme de verdure ; il est le plus grand de son espèce : cependant j'ai eu occasion de vous dire plusieurs fois déjà que le platane atteint dans ces climats méridionaux une vétusté et une hauteur inconnues dans nos pays. Le vieux château qui domine le port est mal entretenu ; c'est une construction du moyen âge, assez semblable aux forts de Ténédos et de Mételin. La population de la ville est turque en grande partie ; les Grecs habitent le reste de l'île, elle ne renferme aucun village considérable : les montagnes de Stancho ne sont pas très-élevées ; son sol est fertile : l'air y est sain. On a prétendu, mais à tort, que les Stanchiotes étaient sujets à une foule de maladies épidémiques ; la peste seule y exerce quelquefois ses ravages, mais elle leur vient du dehors, et d'ailleurs tous les pays soumis à la domination ottomane sont désolés par ce fléau.

Les tissus en laine et en soie que fabrique Stancho n'ont plus la réputation dont ils jouissaient autrefois dans l'Orient, et le commerce qu'elle en faisait a beaucoup diminué. A l'est de l'île, sur la côte d'Asie, s'étend la baie profonde, connue jadis sous le nom de *Golfe Céramique*, nom qui lui venait de Céramus, ville de la Carie. Cette baie séparait la Carie de la Doride. Le cap Angéli termine la côte du golfe auprès duquel existait Halicarnasse. Le bourg de Boudroun occupe l'emplacement de cette florissante cité, dans laquelle on venait admirer le magnifique tombeau de Mausole. A l'extrémité du cap Angéli se trouve la ville de Myndès, appelée Myndus dans l'antiquité.

A l'ouest de Stancho on aperçoit les hauteurs d'Amorgo, dont les habitans, jadis amis des arts et des sciences, sont classés aujourd'hui au nombre des plus ignorans et des plus superstitieux de l'Archipel. Les emplacemens des villes de Minoé, d'Ægiale et d'Arcésine, que renfermait cette île, ne sont plus connus; ces villes sont remplacées de nos jours par un village et quelques monastères de caloyers qui entretiennent les insulaires dans les plus stupides croyances. Amorgo a deux ports, Sainte-Anne et Vathi; plusieurs de ses vallées sont riches en oliviers, en figuiers et en vignes, qui produisent un vin estimé. Le reste de l'île est stérile. Les habitans recueillent avec grand soin une espèce de mousse dont ils se servent pour teindre en rouge les étoffes qu'ils fabriquent.

En quittant Stancho, on passe entre les rochers déserts de Capra et Caprone, et la petite île de Camino (Claros ou Calymna); elle n'a que cinq lieues de tour, est très-montueuse et peu peuplée : elle

renferme le village de Calamo, au pied duquel est
une anse protégée contre les vents par un récif;
sur la côte occidentale gisent les ruines d'une ville.
Nous laissâmes cette île à notre gauche, ainsi que
Léro, Pathmos et les Fourmis. L'aspect de *Léro*
est le même que celui de Calamo; elle est moins
étendue encore, et entourée de rochers nus qui
sortent à pic du sein des eaux. Son sol est aride;
on assure que ses montagnes recèlent des mines et
des carrières de marbre. *Pathmos* est célèbre par
l'exil de S. Jean : des caloyers grecs, qui possèdent
dans cette île un grand monastère, et parmi lesquels règne la plus grossière ignorance, montrent
une grotte où ils prétendent que le disciple du
Sauveur écrivit l'Apocalypse. Pathmos est un amas
de rochers énormes et de vallées stériles. Ses côtes
dessinent un grand nombre d'anses où de gros
bâtimens même peuvent mouiller : le port de Scala
passe pour un des meilleurs de l'Archipel.

Au nord des récifs auxquels on a donné le nom
d'*île des Fourmis*, se trouve *Nicaria*, appelée jadis
Icarios, du nom d'Icare, fils de Dédale, qui y tomba,
comme le raconte la fable, pour s'être, dans son
vol audacieux, trop rapproché du soleil : elle a peu
d'étendue, encore moins de population. Son sol
ne produit qu'un peu d'orge et de froment; en un
mot, elle est comptée au nombre des îles les plus
pauvres de ces parages : elle est étroite et coupée

dans toute sa longueur par une chaîne de montagnes, dont le mont Pramne est le point le plus
élevé. Les sources qui en découlent ne peuvent
fertiliser un terrain pierreux. Nicaria n'a point de
ports; la principale de ses rades est celle de Fanari,
près de l'ancienne ville de Dracanum : celle de Ca-
rabaty est voisine des ruines d'OEnoë. Un large détroit la sépare de la côte occidentale de Samos : il
porte le nom de grand Bogaze.

Je ne saurais vous peindre la beauté du coup
d'œil dont nous jouîmes en approchant de cette
Samos jadis si fameuse. Les crêtes immenses de
Nicaria se perdaient dans des nuages, qui les colo-
raient d'une teinte d'un violet foncé. Ces sombres
vapeurs étaient déchirées par un rayon de soleil;
leurs extrémités éclairées présentaient des formes
bizarres d'un pourpre éblouissant, et se réfléchis-
saient avec un admirable éclat sur les pointes de
Samos, dégagées en ce moment des brouillards épais
dont elles sont ordinairement enveloppées; le ciel
paraissait embrasé, et la mer, qui réflétait à la fois
les teintes brûlantes de l'atmosphère, et les couleurs
foncées des montagnes environnantes, nous montrait de toutes parts des lignes tranchantes d'un
effet merveilleux. J'entendais au loin les vagues se
briser contre les rochers; leurs mugissemens, joints
aux cris aigus de quelques oiseaux aquatiques, trou-
blaient seuls le calme imposant répandu sur toute

la nature. *Samos* a environ dix lieues de long ; sa plus grande largeur est de six lieues, et s'étend du cap Colonne[1], au Sud, à la pointe d'Ambelaki, au Nord. Elle a trente lieues de tour, est séparée du continent de l'Asie par le petit Bogaze, et offre plusieurs points propres à favoriser les débarquemens. La chaîne d'Ambelona traverse l'île ; sa partie orientale porte le nom de mont Trio : elle se termine à l'Ouest par le cap Samos, masse colossale, entourée de précipices effrayans. Ces montagnes sont composées de marbre gris ; elles recèlent dans leur sein beaucoup de fer et d'ocre ; l'émeri y est assez abondant. Des ruisseaux, dont quelques-uns pourraient être appelés des rivières, en sortent ; ils se jettent dans la mer du côté du Sud, à l'exception d'un seul, qui se rend vers la côte Nord.

Samos est très-fertile ; si l'administration n'y entravait les développemens de l'agriculture, ses productions pourraient alimenter un commerce considérable ; son vin muscat est très-estimé. L'extrême fécondité de son territoire était un objet d'envie pour ses voisins aux temps de la Grèce antique. Ils avaient coutume de dire proverbialement que les poules mêmes à Samos donnaient du lait. Les habitans ont conservé quelques faibles débris de

---

1 La mer a détaché quelques fragmens de ce cap ; ils portent le nom de *Poulo Samos* (Petit Samos).

leur prospérité, et ont, comme jadis, la réputation d'être plus doux et plus spirituels que les autres insulaires du voisinage. Ils sont au nombre d'environ 20,000, seul reste de l'ancienne population de cette île ; mais les siècles n'ont pu y détruire un sol excellent, un air pur, un climat sain et des eaux abondantes. Elle renferme plusieurs ports, dont le meilleur est celui de Vathi.

Nous franchîmes rapidement le détroit de Scio : au moment où nous arrivâmes à Ourlac, j'eus le bonheur d'être admis par M. le commandant Hugon à bord de l'Armide, frégate dont l'équipage s'est couvert de gloire à la bataille de Navarin, et qui appareillait pour se rendre en France. Je m'y installai avec empressement, enchanté d'y être accueilli et de faire ma traversée avec M. l'ambassadeur de France, sa famille, et différentes personnes de sa mission, qui m'avaient comblé de bontés au commencement de mon voyage. Cependant j'éprouvai en même temps un chagrin réel ; il fallut me séparer de lord Brabazon, dont l'amitié et les connaissances variées avaient répandu tant de charmes sur les jours que j'avais passés avec lui. Il allait rejoindre l'ambassadeur d'Angleterre, qui était également à Ourlac : nous nous quittâmes avec le plus profond regret.

Le temps nous favorisa pendant deux jours ; mais alors le ciel se couvrit, la pluie tomba par torrens, et une tempête furieuse éclata. Il fallut toute l'habileté du commandant et des officiers de son équipage pour nous faire entrer dans le port de Milo. Nulle part les ouragans ne sont plus dangereux que dans l'Archipel; l'on est sans cesse exposé à donner contre les écueils dont cette mer est semée. Cependant la fureur de la tempête allait en croissant, et quoique nous fussions dans le port et fixés par deux ancres, le roulis ne nous laissa pas un instant de repos. Cela dura pendant quatre jours; enfin, le temps se remit, et les passagers purent profiter des derniers momens de notre séjour à Milo pour faire quelques promenades à terre. Après y être restés pendant une semaine, nous continuâmes notre voyage. Au bout de quelques heures, nous longeâmes l'imposante côte de Morée; doublâmes le cap Saint-Ange et fûmes en vue de l'île de Cerigo (Cythère), bien déchue de son ancienne splendeur, et qui au lieu des pompes riantes du culte de Vénus et de ces bosquets fleuris si vantés par les poètes, n'offre plus qu'une terre aride, habitée par une population malheureuse qui, par l'insalubrité du climat, est en proie à des fièvres continuelles. Ses mines d'or et de cuivre ne sont plus exploitées; son commerce languit, et ses vins, encore très-estimés, sont à peu près la seule production qu'elle exporte.

Nous laissâmes, le jour suivant, Coron à notre

droite ; les hautes montagnes dentelées qui s'élèvent derrière cette forteresse étaient couvertes de neige ; cependant nous jouissions du temps le plus doux et le plus agréable : vers les dix heures, nous dépassâmes Modon et arrivâmes auprès des îles Sapience, en face du golfe de Navarin, théâtre récent d'une des plus sanglantes batailles navales dont l'histoire moderne fasse mention.

Bientôt le vent nous emporta et nous fit perdre de vue l'île de Venetico. Deux jours plus tard, nous passâmes entre Malte et la Sicile : la première de ces îles se perdait dans le lointain, mais nous étions assez près du rivage de la seconde pour contempler à loisir cette belle terre, tantôt élevée, tantôt basse, dont les formes sont toujours pittoresques et variées. Nous vîmes fort près l'ancienne Agrigente ; le sommet glacé de l'Etna se détachait sur un ciel pur et dominait le paysage.

La côte de Sardaigne, que nous aperçûmes bientôt, est très-rocailleuse ; elle ressemble beaucoup aux points de vue de l'Archipel : les îles Cavalho m'ont surtout rappelé Milo, les Ananiez et le cap Vani. Nous longeâmes en vingt-quatre heures les cinquante lieues de côtes de la Sardaigne ; et dans la soirée nous étions à l'entrée du détroit de Boniface : il a trois milles de largeur à son point le plus étroit ; un écueil caché sous neuf pieds d'eau le rend dangereux. Le vent contraire nous empêcha d'y passer, et nous força de longer la côte orientale de la Corse ; ce qui occasiona un détour de trente lieues. Cette île est plus élevée encore que la Sardaigne. Après une journée, pendant laquelle nous fîmes très-peu de chemin, nous nous trouvâmes en vue et à une très-petite distance de Bastia, ancienne capitale de l'île ; elle n'est plus qu'à sept lieues du cap Corse. Des montagnes hautes et arides la dominent ; sur leurs flancs on aperçoit de temps en temps des villages et des habitations. La ville de Bastia est vieille, mal bâtie et encore plus mal fortifiée. A notre droite étaient les côtes des îles d'Elbe et de Caprera.

Dix-sept jours après notre départ de Milo, nous longeâmes les côtes de Gênes, d'Oneille et de Monaco ; la chaîne des Alpes formait devant nous un tableau des plus imposans ; le vent fraîchit vers le soir : pendant la nuit nous longeâmes les îles d'Hières ; ce matin enfin, à huit heures et demie, nous avons jeté l'ancre dans la rade de Toulon ; deux heures après nous étions déjà installés au lazaret, bâtiment de l'aspect le plus triste, mal entretenu, et fort incommode pour ceux qui sont condamnés à l'habiter. Nous y passerons un mois.

C'est ici, mon cher ami, que finit le journal d'un voyage qui me laissera toujours les souvenirs les plus agréables. Puissent mes récits vous avoir inté-

ressé quelquefois ! En vous entretenant des senti-
mens divers que les lieux m'ont inspirés et des événemens que leur vue a retracés à ma mémoire, je
n'ai voulu être que narrateur fidèle.

Je suis, etc.

FIN DU SECOND ET DERNIER VOLUME.

ERRATA.

Lettre 42. Page 87, ligne 8, propylies, *lisez* propylées.

Lettre 43. Page 100, ligne 3 de la note, tours, *lisez* tons.

Lettre 48. Page 166, ligne 11, Osyris, *lisez* Osiris.

Lettre 49. Page 173, ligne 13, *supprimez* d'abord.

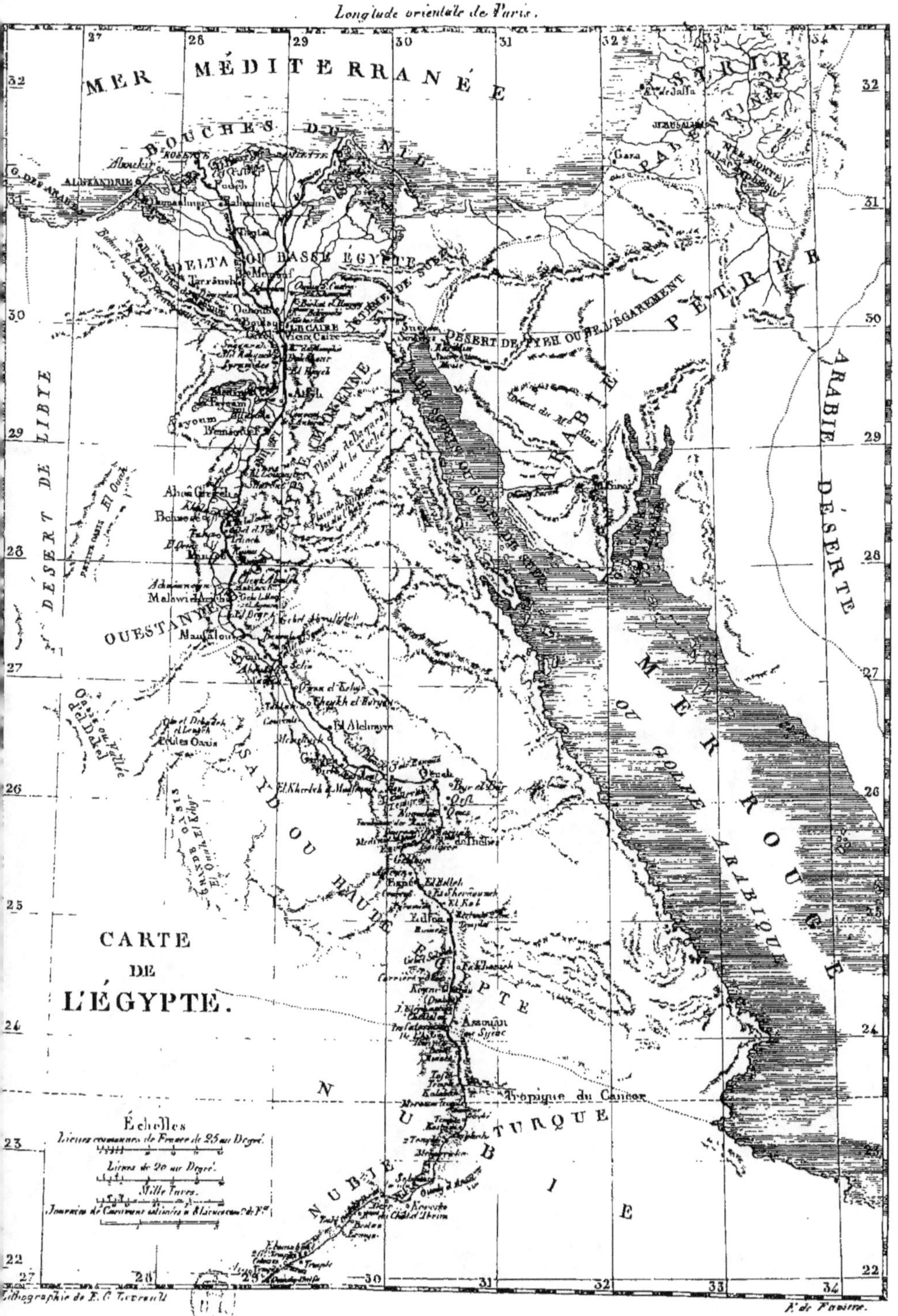

Longitude orientale de Paris.
MER MÉDITERRANÉE
BOUCHES DU NIL
ALEXANDRIE
DELTA
BASSE ÉGYPTE
LE CAIRE
Vieux Caire
DÉSERT DE LIBIE
ÉGYPTE MOYENNE
DÉSERT DE TYEH OU DE L'ÉGAREMENT
ARABIE PÉTRÉE
ARABIE DÉSERTE
SYRIE
PALESTINE
JÉRUSALEM
MER MORTE
OUESTANYÉ
Malawi
MER ROUGE OU GOLFE ARABIQUE
SAID OU HAUTE ÉGYPTE
GRANDE OASIS
PETITES OASIS
CARTE
DE
L'ÉGYPTE.
Assouan ou Syène
Tropique du Cancer
NUBIE
TURQUE
Échelles
Lieues communes de France de 25 au Degré.
Lieues de 20 au Degré.
Mille Turcs.
Journées de Caravane ordinaire à 8 lieues ou 2 de Fce.
Lithographie de E. C. Terreau.
F. de Favine.